全国中医药行业高等教育"十三五"规划教材
全国高等中医药院校规划教材（第十版）配套用书

无机化学实验

（新世纪第四版）

（供中药学、药学、中药制药等专业用）

主　审　贾桂芝（黑龙江中医药大学）

主　编　铁步荣（北京中医药大学）

　　　　杨怀霞（河南中医药大学）

副主编　吴培云（安徽中医药大学）

　　　　张　拴（陕西中医药大学）

　　　　卢文彪（广州中医药大学）

　　　　张师愚（天津中医药大学）

　　　　黄　莺（湖南中医药大学）

　　　　闫　静（黑龙江中医药大学）

　　　　王　萍（湖北中医药大学）

　　　　张晓丽（辽宁中医药大学）

中国中医药出版社
·北 京·

图书在版编目（CIP）数据

无机化学实验 / 铁步荣，杨怀霞主编 . —4 版 . —北京：中国中医药
出版社，2016.9（2020.9重印）

全国中医药行业高等教育"十三五"规划教材配套用书

ISBN 978 – 7 – 5132 – 3448 – 1

Ⅰ . ①无… Ⅱ . ①铁… ②杨… Ⅲ . ①无机化学—化学实验—中医
学院—教材 Ⅳ . ① O61 – 33

中国版本图书馆 CIP 数据核字（2016）第 117939 号

中国中医药出版社出版

北京经济技术开发区科创十三街31号院二区8号楼

邮政编码 100176

传真 010 64405750

山东润声印务有限公司印刷

各地新华书店经销

开本 787 × 1092 1/16 印张 9 字数 212 千字

2016 年 9 月第 4 版 2020 年 9 月第 5 次印刷

书号 ISBN 978 – 7 – 5132 –3448 –1

定价 29.00 元

网址 www.cptcm.com

如有印装质量问题请与本社出版部调换（010 64405510）

社长热线 010 64405720

购书热线 010 64065415 010 64065413

微信服务号 zgzyycbs

书店网址 csln.net/qksd/

官方微博 http: //e.weibo.com/cptcm

淘宝天猫网址 http : //zgzyycbs.tmall.com

全国中医药行业高等教育"十三五"规划教材
全国高等中医药院校规划教材（第十版）配套用书

《无机化学实验》编委会

徐　飞（南京中医药大学）

郭爱玲（山西中医学院）

袁友泉（江西中医药大学）

曹秀莲（河北中医学院）

梁　琨（上海中医药大学）

程世贤（广西中医药大学）

黎勇坤（云南中医药大学）

前　言

为了全面贯彻落实《国家中长期教育改革和发展规划纲要（2010-2020年）》《关于医教协同深化临床医学人才培养改革的意见》，适应新形势下我国中医药行业高等教育教学改革和中医药人才培养的需要，在国家中医药管理局主持下，由国家中医药管理局教材建设工作委员会办公室、中国中医药出版社组织编写的"全国中医药行业高等教育'十三五'规划教材"（即"全国高等中医药院校规划教材"第十版）出版后，我们组织原教材编委会编写了与上述规划教材配套的教学用书——习题集和实验指导，目的是使学生对学过的知识进行复习、巩固和强化，以便提升学习效果。

习题集与现行的全国高等中医药院校本科教学大纲一致，与全国中医药行业"十三五"规划教材内容一致。习题覆盖教材的全部知识点，对必须熟悉、掌握的"三基"知识和重点内容以变换题型的方法予以强化。内容编排与相应教材的章、节一致，方便学生同步练习，也便于与教材配套复习。题型与各院校各学科现行考试题型一致，同时注意涵盖国家执业中医师、中西医结合医师资格考试题型。命题要求科学、严谨、规范，注意提高学生分析问题、解决问题的能力，临床课程更重视临床能力的培养。为方便学生全面测试学习效果，每章节后均附有参考答案。

实验指导在全国高等中医药院校本科教学大纲的指导下，结合各高等中医药院校的实验设备和条件，本着求同存异的原则，仅提供基本实验原理、方法与操作指导，相关学科教师可在实际教学活动中结合本校的具体情况，灵活变通，选择相关内容，使学生在掌握本学科基本知识、基本原理的同时，具备一定的实验操作技能。

本套习题集和实验指导供高等中医药院校本科生、成人教育学生、执业医师资格考试人员等与教材配套学习和复习应考使用。请各高等中医药院校广大师生在使用过程中，提出宝贵的修改意见，以便今后不断修订提高。

国家中医药管理局教材建设工作委员会

中国中医药出版社

2016.9

编写说明

《无机化学实验》是全国中医药行业高等教育"十三五"规划教材《无机化学》的配套教学用书。根据《无机化学实验》编写大纲及修订意见，本实验教材是在已出版的全国中医药行业高等教育"十二五"规划教材配套用书《无机化学实验》（第九版）的基础上修订完成的。

本次修订除修正了实验教材中错误及不妥之处外，另根据院校的需要，将"实验十四 电动势法测定 AgX 的溶度积"修改为"滴定法测定醋酸银的溶度积"。另外，为深入贯彻落实《国务院政府工作报告（2015年）》关于"互联网＋"行动计划，进一步适应新时期中医药教育转型和中医药人才培养的需要，增加了"无机化学实验基本操作训练"和"元素及其化学性质"两个虚拟仿真实验。

本实验教材可供全国高等中医药院校中药学、药学、中药制药等专业教师和学生使用。也可供自学考试应试人员，从事无机化学、基础化学教学的教师参考。

本实验教材在修订过程中得到了参编院校领导、专家、教师的大力支持和帮助，提出了许多宝贵意见，在此一并表示感谢。

教材中存在的错误和不当之处恳请使用本教材的教师、学生和读者提出宝贵意见，以便重印时加以改正。

《无机化学实验》编委会

2016 年 6 月

目 录

无机化学实验守则

一、实验教学目的和要求

无机化学是化学中较早建立的一个分支,而近百年来又有着飞速发展的一门学科。它是药学类专业学生所学的第一门化学基础课。要很好地领会和掌握无机化学的基本理论和基础知识,必须认真进行实验。无机化学实验是无机化学教学中不可缺少的重要环节。

无机化学实验教学的目的:

1. 通过实验获得感性知识,帮助或加深对课堂讲授的基本理论和基础知识的理解;掌握典型元素及其化合物的重要化学性质和反应。

2. 正确掌握无机化学实验的基本操作方法和技能技巧,为从事以后各科实验打下良好的基础。

3. 培养独立进行实验的能力;细致观察和记录实验现象的能力;以及正确处理实验数据和书写实验报告的能力。

4. 通过实验逐步树立"实践第一"的观点,养成实事求是的科学态度和科学的逻辑思维方法。

5. 在实验中逐步培养正确、细致、整洁地进行科学实验的良好习惯。

由于无机化学实验是在一年级开设的,具有一定的启蒙性,要达到上述目的,完成无机化学实验教学的任务,教与学双方都必须积极努力。

教师要按教学大纲的要求去做,在每个实验中要认真、负责、严格地要求学生。特别要重视实验工作能力的培养和基本操作的训练,并贯穿在各个具体实验之中。每个实验既要完成具体实验内容的教学任务,也要达到基本操作训练方面的要求。要看到实验教学对人才的培养是全面的,既有实验知识的传授,又有操作技能技巧的训练;既有逻辑思维的启发和引导,又有良好习惯、作风和科学工作方法的培养。因此,教师既要耐心、细致地言传身教,又要认真、严格地要求学生;既不能操之过急,包办代替,也不能不闻不问,放任自流。

学生必须明确低年级实验的基本操作训练与实验能力的培养,是高年级实验甚至是以后掌握新的实验技术的必备基础。对于每一个实验,不仅要在原理上搞清、弄懂,而且要在操作上进行严格的训练。即使是一个很小的操作也要按教师的要求一丝不苟地进行练习,不要怕麻烦,不要图省事。要明确,任何操作只有通过亲自的实践才能学会,要勤学还得苦练。另外也要看到,实验对自己的锻炼和培养是多方面的,要注意从各方面严格要求自己,比如对实验方法、步骤的理解和掌握,对实验现象的观察和分析,就是在培养自己的科学思维和工作方法;又比如桌面保持整洁、仪器存放有序、污物不能乱扔,就是在培养自己从事科学实验的良好习惯和作风。不能认为这些都是无关紧要的小事,而不认真去做。须知,小事是构成大事的基石,人才是在平常点滴的锤炼中逐渐成长起来的。

二、学生守则

实验课是育人成材的重要教学环节,为提高教学质量,取得良好的实验教学效果,实验课要求学生必须做到:

1. 认真预习实验教材。认真预习实验教材是保证做好实验的一个重要环节。预习应按每个实验中的"预习要求"进行,应当搞清楚实验的目的、内容、有关原理、操作方法及注意事项等,并初步估计每一反应的预期结果,根据不同的实验及指导教师的要求做好预习报告(若有可能,某些实验内容可到实验室并在教师的指导下进行预习)。对于每个实验中的"思考题",预习时应认真思考。学生在预习时要按指导教师要求写好预习实验报告,做好各项准备,否则不能进入实验室做实验。

2. 进行实验时,学生应遵守实验室规则,接受教师指导,按照实验教材上的方法、步骤、要求及药品的用量进行实验。认真操作,细心观察现象,同时应深入思考,分析产生现象的原因。若有疑问,可相互讨论或询问教师,提高分析问题和解决问题的实际能力。

3. 各项实验操作要认真遵守操作规程,养成良好的实验室工作习惯。

4. 依据实验要求,如实而有条理地记录实验现象和所得数据,不许抄书或凑数。

5. 实验后要注意分析讨论实验结果好坏的原因,及时总结经验教训,不断提高实验工作能力。要认真书写实验报告,实验报告的字迹要工整,图表要清晰,按时交老师批阅。

6. 实验完毕后,应当堂(或在指定时间内)做好实验报告,由化学课代表收齐交给指导教师。实验报告要记载清楚、结论明确、文字简练、书写整洁。虚心接受教师的查问。实验及报告不符合要求者,必须重做。

7. 注意遵守各项安全规定,节约水电、药品,爱护仪器和实验室各项设备。

8. 遵守实验室各项规章制度,实验课不得迟到或未经允许而早退。

9. 要有良好的实验室工作道德,爱护集体,关心他人。

三、实验室工作规则

1. 实验前清点仪器,如发现有破损或缺少,应立即报告教师,按规定手续向实验技术员补领。实验时仪器如有损坏,按学校仪器赔偿制度进行处理。未经教师同意,不得拿用别的位置上的仪器。

2. 实验时保持肃静,认真操作,仔细观察现象,如实记录结果,积极思考问题。

3. 实验时应保持实验室和桌面清洁整齐。废纸、火柴梗和废液等应倒在废物缸内,严禁倒入水槽内,以防水槽和下水道堵塞或腐蚀。

4. 爱护国家财产,小心使用仪器和实验室设备,注意节约水、电和煤气。

5. 使用药品应注意下列几点:

(1)药品应按规定量取用,如果书中未规定用量,应注意节约,尽量少用。

(2)取用固体药品时,注意勿使其撒落在实验台上。

(3)药品自瓶中取出后,不应倒回原瓶中,以免带入杂质而引起瓶中药品变质。

(4)试剂瓶用过后,应立即盖上塞子,并放回原处,以免和其他试剂瓶上的塞子搞错,混入杂质。

(5)各种试剂和药品,严禁拿到自己的实验桌上。

(6)实验后要回收的药品,应倒入指定的回收瓶中。

6. 使用精密仪器时必须严格按照操作规程进行操作,细心谨慎,如发现仪器有故障,应立即停止使用,及时报告指导教师。

7. 实验后,应将仪器洗刷干净,放回规定的位置,整理好桌面。

8. 值日生打扫整个实验室,最后负责检查水龙头和煤气龙头是否关好,拉断电闸,关好门窗,经教师同意后才能离开实验室。

四、实验室安全守则

化学药品中有很多是易燃、易爆炸、有腐蚀性或有毒的,所以在实验前应充分了解安全注意事项。在实验时,应在思想上十分重视安全问题,集中注意力,遵守操作规程,以避免事故的发生。

1. 加热试管时,不要将试管口指向自己或别人,不要俯视正在加热的液体,以免液体溅出,受到伤害。

2. 嗅闻气体时,应用手轻拂气体,扇向自己后再嗅。

3. 使用酒精灯时,应随用随点燃,不用时盖上灯罩。不要用已点燃的酒精灯去点燃别的酒精灯,以免酒精溢出而失火。

4. 浓酸、浓碱具有强腐蚀性,切勿溅在衣服、皮肤上,尤其勿溅到眼睛上。稀释浓硫酸时,应将浓硫酸慢慢倒入水中,而不能将水向浓硫酸中倒,以免迸溅。

5. 乙醚、乙醇、丙酮、苯等有机易燃物质,安放和使用时必须远离明火,取用完毕后应立即盖紧瓶塞和瓶盖。

6. 能产生有刺激性或有毒气体的实验,应在通风橱内(或通风处)进行。

7. 有毒药品(如铬盐、钡盐、铅盐、砷的化合物、汞的化合物等,特别是氰化物)不得进入口内或接触伤口。也不能将有毒药品随便倒入下水管道。

8. 实验室内严禁饮食和吸烟。实验完毕,洗净双手后,才可离开实验室。

五、实验室意外事故的处理

1. 烫伤:可用高锰酸钾或苦味酸溶液揩洗灼伤处,再搽上凡士林或烫伤油膏。

2. 割伤:应立即用药棉揩净伤口,搽上龙胆紫药水,再用纱布包扎。如果伤口较大,应立即到医务室医治。

3.受强酸腐伤:应立即用大量水冲洗,然后搽上碳酸氢钠油膏或凡士林。

4.受浓碱腐伤:立即用大量水冲洗,然后用柠檬酸或硼酸饱和溶液洗涤,再搽上凡士林。

5.吸入刺激性或有毒气体,如吸入氯、氯化氢气体时,可吸入少量酒精和乙醚的混合蒸气解毒。吸入硫化氢气体而感到不适时,立即到室外呼吸新鲜空气。

6.毒物进入口内:把 5~6mL 稀硫酸铜溶液加入一杯温水中,内服后,用手指伸入咽喉部,促使呕吐,然后立即送往医院治疗。

7.触电:立即切断电源,必要时进行人工呼吸。

8.起火:一般小火可用湿布或沙土等扑灭,如火势较大,可使用 CCl_4 灭火器或 CO_2 泡沫灭火器,但不可用水扑救,因水能和某些化学药品(如金属钠)发生剧烈反应而引起更大的火灾。如遇电气设备着火,必须使用 CCl_4 灭火器,绝对不可用水或 CO_2 泡沫灭火器。

急救用具:

1.消防器材:灭火器(如泡沫灭火器、四氯化碳灭火器、二氧化碳灭火器)、黄沙等。

2.急救药箱:红药水、3%碘酒、紫药水、烫伤药膏、3%双氧水、70%酒精、2%醋酸溶液、饱和碳酸氢钠溶液、1%硼酸溶液、5%硫酸铜溶液、甘油、凡士林、消炎粉、绷带、纱布、药棉、棉花签、橡皮膏、医用镊子、剪刀等。

六、学生损坏实验仪器的赔偿制度

学生在进行实验中,如因不慎或违反操作规程损坏的实验仪器和设备,均应酌情赔偿,以便加强教育,督促改进。赔偿办法如下:

1.学生在教学实验中损坏玻璃仪器超过允许损耗定额者(具体规定数字)应照价赔偿。

2.实验中因违反操作规程损坏玻璃仪器一律照价赔偿(不考虑是否超过损耗定额)。损坏精密仪器,视其情节及本人改正错误的表现,折价赔偿。

3.学生损坏仪器后,应及时向指导教师报告,填写领取单,及时办理补领手续。如不报不领,而乱拿别人的用,一经发现,即取消其本学期可容许的损耗定额,所有损坏仪器均应照价赔偿,并根据情节及改正的表现,降低其实验考试(考核)成绩。

4.学生在实验中所遗失的仪器,亦同损坏一样处理,按本办法第 1 条进行赔偿。

5.学生办理赔偿收费手续,按学校的要求办理。如不按期办理者,即停止其参加实验课。如实属家庭经济困难,现时无法赔偿者,经学校批准,可延迟到毕业后领得工资时补交。

6.实验开始前,实验室应向学生公布本实验课可容许损耗的定额及所用各种仪器的价格。损耗较多而又不认真改正的学生,其实验考试(考核)成绩应酌情降低。

无机化学实验常用仪器介绍

表1　无机化学实验常用仪器

仪　器	规　格	主要用途	注意事项
试管　具支试管	分硬质试管、软质试管，有刻度、无刻度、有支管、无支管 无刻度试管一般以管口直径（mm）×长度（mm）表示，如 10×100、15×150 等 有刻度试管按容量表示，如5mL、10mL、15mL 等	1.少量试剂的反应器，便于操作和观察 2.收集少量气体的容器 3.具支试管可用于装配气体发生器、洗气装置和检验气体产物	1.可直接用火加热，当加强热时要用硬质试管 2.加热后不能骤冷，特别是软质试管，否则容易破裂
离心试管	分有刻度和无刻度，有刻度的以容量表示，如5mL、10mL、15mL 等	少量试剂的反应器，还可用于分离沉淀	1.不可直接加热，只能用水浴加热 2.离心时，把离心试管插入离心机的套管内进行离心分离，取出时要用镊子
烧杯	分硬质、软质烧杯，有刻度、无刻度烧杯 以容量大小表示，如50mL、100mL、250mL、500mL 等，还有 5mL、10mL 的微型烧杯	1.反应器，反应物易混合均匀 2.配制溶液 3.物质的加热溶解 4.蒸发溶剂或从溶液中析出晶体、沉淀	1.加热前要将烧杯外壁擦干，加热时下垫石棉网，使受热均匀 2.反应液体不得超过烧杯容量的2/3，以免液体外溢
量筒	按能够量出的最大容量表示，如 10mL、50mL、500mL 等	量取液体	1.不能加热，不能用作反应容器，不能用作配制溶液或稀释酸碱的容器 2.不可量热的溶液或液体
锥形瓶（三角烧瓶）	分有塞、无塞等 按容量表示，如50mL、100mL、250mL 等	1.反应器，振荡方便，适用于滴定反应 2.装配气体发生器	1.盛液不宜太多，以免振荡时溅出 2.加热时下垫石棉网或置于水浴中

续表

仪　器	规　格	主　要　用　途	注　意　事　项
滴瓶　细口瓶 广口瓶	按颜色分无色瓶、棕色瓶;按瓶口分细口瓶、广口瓶 瓶口上沿磨砂而不带塞的广口瓶叫集气瓶 按容量表示,如 60mL、125mL、250mL 等	1.滴瓶、细口瓶盛放液体试剂,广口瓶盛放固体试剂 2.棕色瓶盛放见光易分解或不太稳定的试剂 3.集气瓶用于收集气体	1.滴管及瓶塞均不得互换 2.盛放碱液时,细口瓶要用橡皮塞,滴瓶要改用套有滴管的橡皮塞 3.浓酸或其他会腐蚀胶头的试剂如溴等,不能长期存放在滴瓶中 4.具有磨口塞的试剂瓶不用时洗净后在磨口处垫上纸条 5.集气瓶收集气体后,用毛玻璃片盖住瓶口,以免气体逸出
容量瓶	按颜色分棕色和无色两种 以刻度以下的容量大小表示并注明温度,如 50mL、100mL、250mL、500mL 等	配制标准溶液、配制试样溶液或作溶液的定量稀释	1.不能加热 2.磨口瓶塞是配套的,不能互换(也有配塑料塞的) 3.不能代替试剂瓶用来存放溶液
胖肚移液管　吸量管	胖肚型移液管只有一个刻度。吸量管有分刻度,按刻度的最大标度表示,如 1mL、2mL、10mL 等	用于精确移取一定体积的液体	1.用时先用少量要移取的液体淋洗 3 次 2.一般移液管残留的最后一滴液体,不要吹出,但刻有"吹"或"快"字的完全流出式移液管例外
漏斗 直形　环形　球形 安全漏斗	普通漏斗按口径大小表示,如:40mm、60mm 漏斗的锥形底角为60° 安全漏斗可分直形、环形和球形	1.用于过滤或往口径小的容器里注入液体 2.安全漏斗用于加液和装配气体发生器	1.不能用火直接加热 2.在气体发生器中安全漏斗作加液用时,漏斗颈应插入液面内(液封),防止气体从漏斗逸出
抽滤瓶　布氏漏斗 或吸滤瓶	布氏漏斗为瓷质,以直径大小表示,如 40mm、60mm 等;吸滤瓶为玻璃制品,以容量大小表示,如 250mL、500mL 等	两者配套使用,用于无机制备中晶体或沉淀的减压过滤	1.不能直接加热 2.滤纸要略小于漏斗的内径,又要把底部小孔全部盖住,以免漏滤 3.先抽气,后过滤,停止过滤时要先放气,后关泵

仪 器	规 格	主 要 用 途	注 意 事 项
研钵	以口径大小表示,如60mm、75mm、90mm等瓷质,也有玻璃、玛瑙或铁制品	磨细药品或将两种或两种以上固态物质通过研磨混匀 按固体的性质和硬度选用	1.不能作反应容器 2.只能研磨不能捣碎(铁研钵除外),放入物质的量不宜超过容量的1/3 3.易爆物质不能在研钵中研磨
试管架	有木质、铝质或塑料制品,有不同形状和大小	放试管用	加热的试管应稍冷后放入架中,铝质试管架要防止酸、碱腐蚀
试管夹	有木制和金属制品,形状大同小异	用于加热时夹持试管	1.夹在试管上端(离管口约2cm处) 2.要从试管底部套上或取下试管夹,不得横着套进套出 3.加热时手握试管夹的长柄,不要同时握住长柄和短柄
坩埚钳	铁或铜合金制品,表面常镀镍或铬	灼烧或加热坩埚时,夹持热的坩埚用	1.不要和化学药品接触,以免腐蚀 2.放置时应将钳子的尖端向上,以免沾污 3.使用铂坩埚时,所用坩埚钳尖端要包有铂片
漏斗架	木制,用螺丝可固定于铁架台或木架上	用于过滤时支持漏斗	活动的有孔板不能倒放
表面皿	以直径大小表示,如45mm、65mm、75mm、90mm等	盖在烧杯上防止液体在加热时迸溅或晾干晶体等时用	不能用火直接加热

仪　器	规　格	主　要　用　途	注　意　事　项
蒸发皿	以口径大小表示,如60mm、80mm、95mm,也有以容量大小表示的　常用的为瓷质制品	用于溶液蒸发、浓缩和结晶,随液体性质不同,可选用不同质地的蒸发皿	1.能耐高温,但不能骤冷　2.蒸发溶液时,一般放在石棉网上加热,使受热均匀,也可用火直接加热
十字夹　铁夹　铁圈　铁架台	铁制品,铁夹也有铝制的,夹口常套橡皮或塑料　铁圈以直径大小表示,如6cm、9cm、12cm等	装配仪器时,用于固定仪器　铁圈还可代替漏斗架使用	1.仪器固定在铁架台上时,仪器和铁架的重心应落在铁架台底盘中心　2.铁夹夹持玻璃仪器时,不宜过紧,以免碎裂
三角架	铁制品,有大小、高低之分	放置较大或较重的加热容器	三角架的高度是固定的,一般是通过调整酒精灯的位置,使氧化焰刚好在加热容器的底部
毛刷	按洗刷对象分,有试管刷、烧瓶刷、滴定管刷等	用于洗刷玻璃仪器	避免刷子顶端的铁丝捅玻璃仪器底部
药匙	由牛角、合金或塑料制成	取固体药品用,药匙两端各有一个勺,一大一小,根据用药量大小分别选用	1.大小的选择应以盛取试剂后能放进容器口为准　2.取用一种药品后,必须洗净并用滤纸碎片擦干才能取用另一种药品
石棉网	由铁丝编成,中间涂有石棉,其大小按石棉层的直径表示,有10cm、15cm等	加热玻璃器皿时,垫上石棉网,使受热物质均匀受热,不致造成局部过热	不能与水接触,以免石棉脱落或铁丝生锈
水浴锅	铜或铝制品	用于间接加热	1.根据反应容器的大小,选择好圈环　2.经常加水,防止锅内水烧干　3.用毕应将锅内剩水倒出并擦干

化学试剂的分类、管理和实验室化学污染物的处理

一、化学试剂的分类

化学试剂是具有一定纯度的标准的单质和化合物。一般可分为无机化学试剂和有机化学试剂。根据不同纯度化学试剂又可分为五个不同等级,即优级纯、分析纯、化学纯、实验试剂和生物试剂。表 2 是我国化学试剂等级标志与世界其他国家化学试剂等级标志的对照表及使用范围。

表 2　化学试剂等级标志及使用范围

质量次序		1	2	3	4	5
我国化学试剂等级标志	级别	一级品	二级品	三级品	四级品	
	中文标志	保证试剂	分析试剂	化学试剂	实验室试剂	生物试剂
		优级纯	分析纯	化学纯	实验试剂	
	英文名称	Guarantee reagent	Analytical reagent	Chemical pure	Laboratorial reagent	Biological reagent
	符号	G. R	A. R	C. P	L. R	B. R
	瓶签颜色	绿色	红色	蓝色	棕色或其他色	黄色或其他色
	适用范围	精密分析和科学研究	多数分析和科学研究	一般实验和制备	一般化学制备或帮助试剂	生物实验用
美、英、德等国通用标志		G. R	A. R	C. P		

除此之外,还有光谱纯、色谱纯、放射化学纯、MOS 试剂等。

二、化学试剂的管理和使用

化学试剂根据其性质也可分为一般试剂和化学危险品。根据《中华人民共和国消防条例》、国务院《化学危险品安全管理条例》(2002 年)和国家标准《危险货物分类与品名编号》(GB6944—86)、《危险货物品名表》(GB12268)、《常用危险化学品的分类及标志》(GB13690—92)的规定,化学危险品系指爆炸品、压缩气体、易燃液体、易燃固体、自燃物品和遇湿易燃物品、氧化剂和有机过氧化物、毒害品和腐蚀品等其他带有危险性的物品。

（一）化学危险品的分类

（1）爆炸品：如三硝基甲苯（TNT）、二硝基重氮酚、氯化铵、迭氮铅、硝化甘油、硝化纤维、苦味酸、雷汞等。

（2）压缩气体和液化气体：如氯气、光气，一氧化碳、氢气、乙炔等。

（3）易燃液体：如汽油、丙酮、乙醚、苯、甲苯、乙醇、乙酸乙酯、乙醛、氯乙烷、二硫化碳等（甲类液体：闪点 <28℃；乙类液体：闪点28℃~60℃；丙类液体：闪点为60℃）。

（4）易燃固体：如红磷、三硝化磷、钠、电石、硝化棉、萘、樟脑、硫黄、镁粉、锌粉、铝粉等。

（5）自燃物品和遇湿易燃物品：如白磷、黄磷、活泼金属、保险粉等。

（6）氧化剂和有机过氧化物：如过氧化钠、亚硝酸钾、苯甲酰、过氧化钡、过硫酸盐、硝酸盐、高锰酸盐、重铬酸盐、氯酸盐等。

（7）毒害品：如氰化钾（钠），三氧化二砷，硫化砷，升汞及其他汞盐，汞，白磷和卤化烃等。

（8）腐蚀品：如硝酸、浓酸（包括有机酸中的甲酸、乙酸等）、固态强碱或浓碱溶液、液溴、苯酚、有机碱金属化合物、次氯酸钠等。

另外，放射性物品及麻醉药品等也属于危险品之列。

（二）易燃、易爆、剧毒、麻醉、放射等化学危险品的存放与领用注意事项

（1）易燃、易爆、剧毒、麻醉、放射等危险品必须存放在条件完备的专用仓库、专用场地或专用储存室（柜）内，应当符合有关安全规定，并根据物品的种类、性质，设置相应的通风、防爆、泄压、防火、防雷、报警、灭火、防晒、调湿、消除静电、防护围堤等安全设施，并设专人管理。

（2）易燃、易爆、剧毒、麻醉、放射等危险品应当分类分项存放，堆垛之间的主要通道应达到规定的安全距离，不得超量储存。

（3）遇火、遇潮容易燃烧、爆炸或产生有毒气体的化学危险品，不得在露天、潮湿、漏雨和低洼容易积水地点存放。

（4）受阳光照射容易燃烧、爆炸或产生有毒气体的化学危险品和桶装、罐装等易燃液体、气体应当在阴凉通风地点存放。

（5）化学性质不稳定或与防火、灭火方法相互抵触的化学危险品，不得在同一仓库或同一储存室存放。

（6）对爆炸物品、剧毒药品的贮存，要设有专柜。要严格遵守"双人保管，双人收发，双人使用，双人运输，双把锁"的"五双"制度。

（7）对于剧毒化学试剂、药品，各单位各实验室的使用应根据具体需求，精确地计算用量，必须是一日一次的用量，严禁存放在实验室。领用时应填写"爆炸品、剧毒品申请单"，详细注明品名、规格、数量和用途说明，并经单位负责人审核签字、盖章，必须双人领

用(其中一人是经各单位书面批准的指定管理人)。使用化学危险品过程中的废液、废渣、粉尘应回收综合利用。必须排放的,应经过净化处理,其有害物质浓度不得超过国家和环保部门的排放标准。剧毒物品销毁处理必须经实验室与设备管理处、保卫处批准,采取严密措施,并须征得环保等有关部门同意后,方可进行,否则应交回库房保存。

(8)麻醉药品包括:阿片类、可卡因类、大麻类、合成麻醉药类及卫生部指定的其他易成瘾的药品、药用原植物及其制剂。麻醉药品的供应必须根据医疗、教学和科研的需要,有计划地进行。其保管工作必须指定专人保管。储存、领取、使用、归还麻醉药品时必须先登记、检查,做到账、物、卡相符。

(9)放射性物品的储存、使用场所必须设置防护设施。其入口处必须设置放射性标志和必要的防护安全联锁、报警装置或者工作信号。放射性物品不得与易燃、易爆、腐蚀性的物品放在一起,其储存场所必须有防火、防盗、防泄漏的安全防护措施,并指定专人保管。储存、领取、使用、归还放射性物品时必须先登记、检查,做到账、物相符。

(10)对易燃、易爆、剧毒、麻醉、放射等危险品库房的管理人员,要严格遵守出入库管理制度,审批手续必须完备才能予以发放,双人双锁管理,精确计量和记载,严加保管。

(11)压缩气体(剧毒、易燃、易爆、腐蚀、助燃)钢瓶要存放在安全地方(加锁铁柜或单独房间内),不可靠近热源。可燃、助燃气瓶使用时与明火的距离不得小于10米。化学性质相抵触能引起燃烧、爆炸的气瓶要分开存放。不得使用过期未经检验的气瓶。各种气瓶必须按期进行技术检验:盛装腐蚀性气体的气瓶,每2年检验一次;盛装一般气体的气瓶,每3年检验一次;盛装惰性气体的气瓶,每5年检验一次;气瓶在使用过程中,发现有严重腐蚀或损伤时,应提前进行检验;气瓶内气体不能用尽,必须留有剩余压力或重量,永久气体气瓶的剩余压力应不小于0.05MPa;液化气体气瓶应留有不少于0.5%～1.0%规定充装量的剩余气体;气瓶的瓶帽要保存好,充气时要戴好,避免在运输装卸过程中撞坏阀门,造成事故。

(12)易燃、易爆、剧毒、麻醉、放射等危险品入库前,必须进行检查登记,入库后应当定期检查。仓库内严禁吸烟和使用明火,并根据消防条例配备消防力量、消防设施以及通信、报警等必要装置。

三、实验室化学污染物的处理

随着科技、教育的发展,实验室规模的扩大和使用频次的增多,实验室污染物排放对环境的破坏日益引起人们的关注。为保障教学、科研等活动顺利进行,保护人员健康、仪器设备完好,保护自然环境和实验室环境不受污染,有必要了解一些有关实验室"三废"(废气、废液、废物)的处理方法。

(一) 实验室化学污染物的分类

实验室的污染源种类复杂,品种多,毒害大,按污染性质可分为化学污染物、生物性污染物、放射性污染物。按污染物形态可分为废气、废液和固体废物。化学污染包括有机物污染和无机物污染。有机物污染主要是有机试剂污染物和有机样品污染物。无机物污染物有强酸、强碱的污染，重金属污染，氰化物污染等。其中汞、砷、铅、镉、铬等重金属的毒性不仅强，且有在人体中有蓄积性。有机样品污染物包括一些剧毒的有机样品，如农药、苯并(α)芘、黄曲霉毒素、亚硝胺等。

(二) 实验室"三废"（废气、废液、废物）的处理方法

1. 废气

实验室产生的废气包括试剂和样品的挥发物、分析过程中间产物、泄漏和排空的标准气和载气，常见的是酸雾、甲醛、苯系物、各种有机溶剂等常见污染物和汞蒸汽、光气等较少遇到的污染物。

通常实验室中直接产生少量有毒、有害气体的实验都要求在通风橱或通风管道内进行，一般的有毒气体可通过空气稀释排出。大量的有毒气体必须通过处理后才能排放。常见的方法如下：

(1) 冷凝法：利用蒸气冷却凝结，回收高浓度有机蒸汽和汞、砷、硫、磷等。

(2) 燃烧法：将可燃物质加热后与氧化合进行燃烧，使污染物转化成二氧化碳和水等，从而使废气净化。

(3) 吸收法：利用某些物质易溶于水或其他溶液的性质，使废气中的有害物质进入液体得以净化。

(4) 吸附法：使废气与多孔性固体（吸附剂）接触，将有害物质吸附在固体表面，以分离污染物。

(5) 催化剂法：利用不同催化剂对各类物质的不同催化活性，使废气中的污染物转化成无害的化合物或比原来存在状态更易除去的物质，以达到净化有害气体的目的。

(6) 过滤法：含有放射性物质的废气，须经过滤器过滤后排往大气中。

2. 废液

实验室废液一般分为无机和有机废液两大类。无机废液：包括含重金属废液、含氰废液、含汞废液、含氟废液、酸性废液、碱性废液及含钡、六价铬废液等。有机废液：包括油脂类、含卤素有机溶剂及不含卤素有机溶剂等。产生于多余的样品、实验残液、失效的贮藏液和洗液、大量洗涤水等。废液应根据其化学特性选择合适的容器和存放地点，在密闭容器（如黑色方形塑料桶）中存放，分类贮存，容器标签必须标明废物种类、贮存时间，定期处理。一般废液可通过酸碱中和、混凝沉淀、次氯酸钠氧化等净化处理后排放，有机溶剂废液应根据性质以适当的方法处理进行回收。废水可循环使用减少排放或通过净化处理达标排放。净化的方法一般有三种，物理法，如沉淀、过滤、离心分离、浮选（气浮）、机械阻留、隔油、萃取、蒸发结晶（浓缩）、反渗透等。化学法，如混凝沉淀、中和、氧化还原、电解等。生物法，如活性污泥法、生物膜法、生物氧化塘、污水灌溉等。常见废液的处理方法和原理如下：

(1)含汞废液的处理

①硫化物共沉淀法:先将含汞盐的废液的 pH 值调至 8～10,然后加入过量的 Na_2S,使其生成 HgS 沉淀。再加入 $FeSO_4$(共沉淀剂),与过量的 S^{2-} 生成 FeS 沉淀,将悬浮在水中难以沉淀的 HgS 微粒吸附共沉淀,然后静置、分离,再经离心、过滤,滤液的含汞量可降至 0.05mg/L 以下。

②还原法:用铜屑、铁屑、锌粒、硼氢化钠等作还原剂,可以直接回收金属汞。

③金属汞不慎洒落,应尽可能收集,水封于试剂瓶中,分散小粒可用硫黄粉、锌粉或三氯化铁溶液清除。

(2)含镉废液的处理

①氢氧化物沉淀法:在含镉的废液中投加石灰,调节 pH 值至 10.5 以上,充分搅拌后放置,使镉离子变为难溶的 $Cd(OH)_2$ 沉淀。分离沉淀,用双硫腙分光光度法检测滤液中的 Cd^{2+} 离子后(降至 0.1mg/L 以下),将滤液中和至 pH 值约为 7,然后排放。

②离子交换法:利用 Cd^{2+} 离子比水中其他离子与阳离子交换树脂有更强的结合力,优先交换。

(3)含铅废液的处理:在废液中加入消石灰,调节 pH 值至大于 11,使废液中的铅生成 $Pb(OH)_2$ 沉淀,然后加入 $Al_2(SO_4)_3$(凝聚剂),将 pH 值降至 7～8,则 $Pb(OH)_2$ 与 $Al(OH)_3$ 共沉淀,分离沉淀,达标后,排放废液。

(4)含砷废液的处理:在含砷废液中加入 $FeCl_3$,使 Fe/As 达到 50,然后用消石灰将废液的 pH 值控制在 8～10。利用新生氢氧化物和砷的化合物共沉淀的吸附作用,除去废液中的砷。放置一夜,分离沉淀,达标后,排放废液。

(5)含氰化物废液的处理

①在废液中加入亚铁盐的碱性溶液,使其生成无毒的亚铁氰酸盐。

$$Fe^{2+} + 6CN^- =\!=\!= [Fe(CN)_6]^{4-}$$

②在废液中加入次氯酸钠、双氧水或高锰酸钾溶液,将其氧化成无毒的氰酸盐(OCN^-)。

$$CN^- + ClO^- =\!=\!= OCN^- + Cl^-$$

③在废液中加入海波的碱性溶液,使其生成无毒的硫氰酸盐。

$$NaCN + Na_2S_2O_3 =\!=\!= NaSCN + Na_2SO_3$$

(6)含酚废液的处理:酚属剧毒类细胞原浆毒物,处理方法:低浓度的含酚废液可加入次氯酸钠或漂白粉煮一下,使酚分解为二氧化碳和水。如果是高浓度的含酚废液,可通过醋酸丁酯萃取,再加少量的氢氧化钠溶液反萃取,经调节 pH 值后进行蒸馏回收。处理后的废液排放。

(7)综合废液处理:用酸、碱调节废液 pH 为 3～4,加入铁粉,搅拌 30 分钟,然后用碱调节 pH 为 9 左右,继续搅拌 10 分钟,加入硫酸铝或碱式氯化铝混凝剂,进行混凝沉淀,上清液可直接排放,沉淀按废渣方式处理。

3. 固体废弃物

实验室产生的固体废物包括多余样品、难溶性产物、消耗或破损的实验用品(如玻璃器皿、纱布、纸屑等)、残留或失效的化学试剂等。这些固体废物成分复杂,涵盖各类化学、生物污染物,尤其是不少过期失效的、标签脱落的化学试剂,处理稍有不慎,很容易导致严重的污染事故。一般可回收利用的经无害化回炉(收)统一集中处理,不能回收利用的统一收集后,通过热处理(如焚化、热解、熔融等)、稳定化(加稳定剂)、固化、深度掩埋法加以处理。

对于生物性废弃物及放射性废弃物,则国家另有专门规定,应该严加遵守。

目前,我国对实验室的污染排放并没有专门的规定,一般参照企业的污染排放标准。实验室在建设或认可验收时会对实验室的废弃物排放提出要求,但我们要着眼于可持续发展,保护我们赖以生存的环境和地球,尽可能少排或不排放污染物,如微型实验、绿色化学实验、计算机辅助教学模拟化学实验(仿真实验)等,都值得借鉴,应该大力普及与推广。

无机化学实验技能及操作规范

一、常用仪器的洗涤与干燥

（一）仪器的洗涤

化学实验室内经常使用玻璃仪器或瓷器。用不干净的仪器进行实验时，往往由于污物和杂质的存在而得不到理想的结果。所以仪器应该保持干净。洗涤仪器的方法很多，应根据实验的要求、污物的性质和沾污的程度选择合适的方法进行洗涤。一般来说，附着于仪器上的污物有尘土和其他可溶性物质、不溶性物质、有机物质及油污等。针对这些情况，可采用下列方法：

1. 用水刷洗

即用毛刷沾水刷洗。这种方法能洗掉仪器上的尘土、可溶性物质、对器壁附着力不强的不溶性物质。

注意：

（1）洗前用肥皂将手洗净，选出大小合适、干净、完好的毛刷。

（2）使用毛刷洗涤试管时，注意刷子顶端的毛必须顺着深入试管，并用食指抵住试管末端，避免刷洗时用力过猛将底部穿破。

2. 用去污粉或合成洗涤剂洗

用去污粉或洗衣粉、洗洁精等洗去油污和有机物质。对试管、烧杯、量筒等普通玻璃仪器，可在容器内先注入 1/3 左右的自来水，选用大小合适的刷子沾取去污粉刷洗。如果用水冲洗后，仪器内壁能均匀地被水润湿而不黏附水珠，证实洗涤干净；如果有水珠黏附容器内壁，表示容器内壁仍有油脂或其他垢迹污染，应重新洗涤。

注意：

容量仪器不能用去污粉洗刷内部，以免磨损器壁，使体积发生变化。

3. 用铬酸洗液洗

铬酸洗液简称洗液，由浓硫酸和重铬酸钾配制而成（25g 重铬酸钾溶于 50mL 水中，加热溶解，冷却后往溶液中慢慢加入 450mL 浓硫酸），呈深褐色，具有强酸性、强氧化性、强腐蚀性，对有机物和油污的洗涤力特强。它用于定量实验所用的一些仪器（如滴定管、移液管、容量瓶等）和某些形状特殊的仪器的洗涤。洗涤时先用水冲洗仪器，将仪器内的水控净，然后加入少量洗液，转动容器使其内壁全部为洗液润湿。稍等片刻后，将洗液倒回原瓶,再用自来水冲洗干净,最后用蒸馏水冲洗 2 ~ 3 次。

使用洗液时必须注意:

(1)使用洗液前最好先用去污粉将仪器洗一下。

(2)使用洗液前把仪器内的水去掉,以免将洗液稀释,影响洗涤效果。

(3)倒回原瓶内的洗液可重复使用。

(4)具有还原性的污物(如某些有机物物质),会将洗液中的重铬酸钾还原为硫酸铬,洗液的颜色则由原来的深褐色变为绿色,已变为绿色的洗液不能继续使用。

(5)洗液具有很强的腐蚀性,会灼伤皮肤,损坏衣物,如果不慎将洗液洒在皮肤、衣物和实验台上,应立即用水冲洗。

(二)仪器内沉淀垢迹的洗涤方法

在实验时,一些不溶于水的垢迹常常牢固地黏附在容器的内壁。对于这些垢迹须根据其性质选用适当的试剂,通过化学方法除去。几种常见垢迹的处理方法见表3。

表3　常见垢迹处理方法

垢　迹	处理方法
黏附在器壁上的 MnO_2、$Fe(OH)_3$、碱土金属的碳酸盐等	用盐酸处理 MnO_2 垢迹需用 $6mol \cdot L^{-1} HCl$ 处理
沉积在器壁上的银或铜	用硝酸处理
沉积在器壁上的难溶性银盐	一般用 $Na_2S_2O_3$ 溶液洗涤。Ag_2S 垢迹则需用热浓 HNO_3 处理
黏附在器壁上的硫黄	用煮沸的石灰水处理。 $3Ca(OH)_2 + 4S = 2CaS + CaS_2O_3 + 3H_2O$
残留在容器内的 Na_2SO_4 或 $NaHSO_4$ 固体	加水煮沸使其溶解,趁热倒掉
不溶于水、不溶于酸或碱的有机物和胶质等污迹	用有机溶剂洗,常用的有机溶剂有酒精、丙酮、苯、四氯化碳、石油醚等
瓷研钵内的污迹	取少量食盐放在研钵内研洗,倒去食盐,再用水洗净
煤焦油污迹	用浓碱浸泡(约一天左右),再用水冲洗
蒸发皿和坩埚内的污迹	一般可用浓盐酸或王水洗涤

(三)仪器的干燥

实验用的仪器,除必须洗净外,有时还要求干燥,干燥的方法有以下几种:

(1)晾干:把洗净的仪器倒置于干净的实验柜内、仪器架上或木钉上晾干。

(2)烤干:用酒精灯烤干。烧杯或蒸发皿可置于石棉网上用火烤干。如烤干试管时,应将试管略微倾斜,管口向下,并不时转动试管以驱掉水汽,最后将管口朝上以驱净水汽。

(3)吹干:用吹风机(热风或冷风)直接吹干。如果吹前先用易挥发的水溶性有机溶剂(如酒精、丙酮、乙醚等)淋洗一下,则干得更快。

（4）烘干：将洗净的仪器放在电热烘干箱内烘干（控制烘箱温度在105℃左右），仪器放进烘箱前应尽量把水倒净，并在烘箱的最下层放一个搪瓷盘，接收容器上滴下的水珠，以免直接滴在电炉上损坏炉丝。

带有刻度的容量仪器，如移液管、容量瓶、滴定管等不能用高温加热的方法干燥。

二、酒精灯和煤气灯的使用

（一）酒精灯

1. 酒精灯构造

酒精灯的构造见图1。

2. 酒精灯使用方法

在没有煤气的实验室中，常使用酒精灯进行加热。酒精灯的温度，通常可达400℃~500℃，其实际温度与酒精含水量有关。

酒精灯一般是玻璃制的，其灯罩带有磨口。不用时，必须将灯罩罩上，以免酒精挥发。酒精易燃，使用时必须注意安全。

使用前，先检查灯芯，如灯芯不齐或烧焦，要进行修整。

点燃时，应该用火柴点燃，切不可用燃着的酒精灯直接去点燃。否则灯内的酒精会洒出，引起燃烧而发生火灾。

酒精灯内需要添加酒精时，应把火焰熄灭，然后利用漏斗把酒精加入灯内，但应注意灯内酒精不能装得太满或太少，一般不超过其总容量的三分之二，并不低于总容量的四分之一。

熄灭酒精灯的火焰时，只要将灯罩盖上即可使火焰熄灭，切勿用嘴去吹。

加热时，若要使灯焰平稳，并适当提高温度可以加金属网罩。

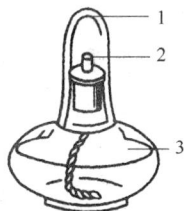

图1　酒精灯的构造
1. 灯罩；2. 灯芯；3. 灯壶

（二）煤气灯

1. 煤气灯构造

实验室中如果备有煤气，在加热操作时，常用煤气灯。煤气由导管输送到实验台上，用橡皮管将煤气龙头和煤气灯相连。煤气中含有毒的物质（但是它的燃烧产物却是无害的），所以绝不可把煤气逸到室内，不用时一定要注意把煤气龙头关紧。煤气有着特殊的气味，漏出时极易嗅出。

观察煤气灯的构造时（图2），可以转下管1，这时便看到灯座的煤气出口2和空气入口3。转动管1，能够完全关闭或不同程度地开放空气入口，以调节空气的输入量。灯座旁有螺丝4，可控制煤气的输入量。

2. 煤气灯灯焰性质

当煤气完全燃烧时，生成不发光亮的无色火焰，可以得到最大的热量。但当空气不足时,煤气燃烧不完全,会析出炭质,生成光亮的黄色火焰。不发光亮的无色火焰,可以分为三个锥形的区域:内层1,在这里空气和煤气进行混合,并未燃烧;中层2,在这里煤气不完全燃烧,由于煤气的组成分解为含碳的产物,这部分的火焰具有还原性,称为"还原焰";外层3,在这里煤气完全燃烧,但由于含有过量空气,这部分火焰具有氧化性,称为"氧化焰"。氧化焰温度约$800℃ \sim 900℃$。

如果点燃煤气时,空气入口开得大,煤气的进入量很小或者中途煤气供应量突然减小时,都会产生"侵入火焰"(图3)。此时煤气在管内燃烧,并发出"嘘嘘"的响声。火焰的颜色变成绿色,灯管被烧得很热。发生这种现象时,应该关上煤气。待灯管冷却后,再关小空气入口,重新点燃(必须注意:在产生侵入火焰时,灯管很烫,切勿立刻用手去关小空气入口,以免烫伤)。当空气的进入量很大或煤气和空气的进入量都很大时,火焰会脱离金属灯管的管口临空燃烧。这种火焰称为"临空火焰"。它只在点燃的一刹那产生,当火柴熄灭时,火焰也立即熄灭,此时应把煤气门关闭,重新调节并点燃煤气灯。

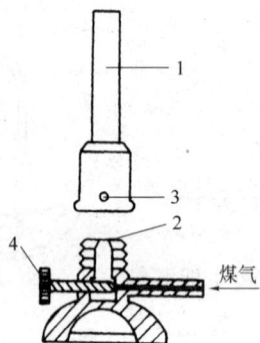

图2　煤气灯的构造
1.灯管;2.煤气出口;3.空气入口;4.螺丝

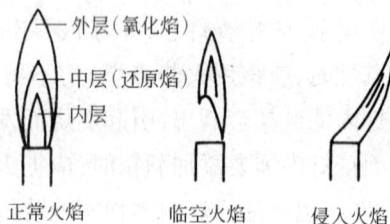

图3　三种灯焰

3. 煤气灯使用方法

煤气灯使用时,首先将煤气灯灯管和灯座旁螺丝拧下,用大头针或细铁丝将灯内煤气的进口和出口捅一捅,并清理干净,重新装好灯管和灯座旁的螺丝,再将空气入口关闭,擦燃火柴,打开煤气开关,将煤气点燃,这时因空气不足,火焰呈黄色,温度较低,旋转金属管,慢慢将空气入口打开,调节空气进入量,直至火焰分为三层,上层火焰近于无色为止。

煤气灯调节好以后,如要减小火焰,应先把空气门调小,然后再调小煤气门。关灯时,关闭煤气龙头即可。

在一般情况下,加热试管中的液体时,温度不需很高。这时可将煤气灯上的空气入口和煤气龙头关小些;在石棉网上加热烧杯中的液体时,火焰温度可调得高些。实验时,一般都用氧化焰来加热。煤气量的大小,一般可以用煤气龙头来调节,也可用煤气灯旁的螺丝来调节。

有些煤气灯的煤气调节螺旋在灯管底部或灯座上边,圆柱体的一侧,在使用前务必搞清楚。

三、台秤的使用

台秤用于精确度不高的称量。一般能称准到 0.1g。在称量前，首先检查台秤的指针是否停在刻度盘中间的位置。不在中间的话，可调节台秤托盘下面的螺旋，使指针停在中间的位置，称之为零点(图4)。称量物重时，左盘放称量物，右盘放砝码。10g(或5g)以上的砝码放在砝码盒内，10g或(5g)以下的砝码是通过移动游标尺的游码来添加的。当砝码加到台秤两边平衡，即指针停在中间的位置为止，称之为停点。停点和零点之间允许偏差1小格以内，这时，砝码所示的重量就是称量物的重量。

称量时必须注意：台秤不能称热的物体；称量物不能直接放在托盘上，视情况决定称量物放在纸上、表面皿上或容器中。吸湿或有腐蚀性的药品，必须放在玻璃容器内。称量完毕后，放回砝码，使台秤各部分恢复原状。经常保持台秤的整洁，托盘上有药品时立即擦净。

现在台秤逐渐被电子天平取代。电子天平具有操作简便，测量准确等优点。

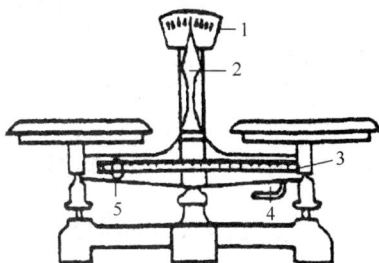

图4　托盘天平

1.标尺；2.指针；3.刻度尺；4.螺旋；5.游码

四、固体、液体试剂的取用和估量

每一试剂瓶上都必须贴有标签，以表明试剂的名称、浓度和配制日期。并在标签外面涂一薄层蜡来保护它。

取用试剂药品前，应看清标签。取用时，先打开瓶塞，将瓶塞反放在实验台上。如果瓶塞上端不是平顶而是扁平的，可用食指和中指将瓶塞夹住(或放在清洁的表面皿上)，绝不可将它横置桌上以免沾污。不能用手接触化学试剂。应根据用量取用试剂，不必多取，这样既能取得好的实验结果又能节约药品。取完试剂后，一定要把瓶塞盖严，绝不允许将瓶塞张冠李戴。然后把试剂瓶放回原处，以保持实验台整齐干净。

(一)固体试剂的取用

(1)要用清洁、干燥的药匙取试剂。药匙的两端为大小两个匙，取大量固体时用大匙，取少量固体时用小匙。应专匙专用，用过的药匙必须洗净擦干后才能再使用。

(2)注意不要超过规定用量取药，多取的不能倒回原瓶，可放在指定的容器中供他人使用。

(3)要求取用一定质量的固体试剂时，可把固体放在干燥的纸上称量。具有腐蚀性或易潮解的固体应放在表面皿上或玻璃容器内称量。

(4)往试管(特别是湿试管)中加入固体试剂时，可用药匙或将取出的药品放在对折的纸片上，伸进试管约2/3处(图5、图6)。加入块状固体时，应将试管倾斜，使其沿管壁慢慢滑下(图7)，以免碰破管底。

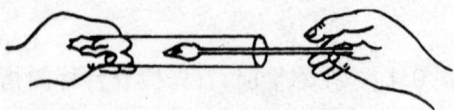

图5 用药匙往试管里送入固体试剂

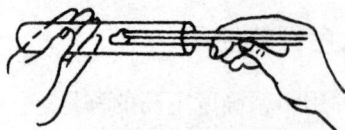

图6 用纸槽往试管里送入固体试剂

(5)固体颗粒较大时,可在清洁干燥的研钵中研碎。研钵中所盛固体的量不要超过研钵容量的1/3。

(6)有毒药品要在教师指导下取用。

(二)液体试剂的取用和估量

(1)从滴瓶中取用液体试剂时,先提取滴管,使滴管离开液面,用手指紧捏滴管上部的橡皮头,以赶出滴管中的空气,然后把滴管伸入试剂中,放开手指,吸入试剂。再提起滴管,将试剂一滴一滴地滴入试管或烧杯中。操作中必须注意以下几点:

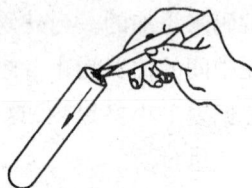

图7 块状固体沿管壁慢慢滑下

①将试剂滴入试管中时,必须用无名指和中指夹住滴管,将它悬空地放在靠近试管口的上方,然后用大拇指和食指微捏橡皮头,使试剂滴入试管中(图8)。绝对禁止将滴管伸入所用的容器中,以免接触器壁而沾污药品。

②一只滴瓶上的滴管不能用来移取其他试剂瓶中的试剂,并须注意,不能和其他滴瓶上的滴管搞错。因此,使用后,应立刻将滴管插回原来的滴瓶中。

③如用滴管从试剂瓶中取少量液体试剂时,则需用附于该试剂瓶的专用滴管取用。

④装有药品的滴管不得横置或滴管口向上斜放,以免液体流入滴管的橡皮头中。

(2)从细口瓶中取用液体试剂时,用倾注法。先将瓶塞取下,反放在桌面上,手握试剂瓶上贴标签的一面(若两面标签,手握空白的一面),逐渐倾斜瓶子,让试剂沿着洁净的试管壁流入试管或沿着洁净的玻璃棒注入烧杯中(图9)。注入所需量后,将试剂瓶口在容器上靠一下,再逐渐竖起瓶子,以免遗留在瓶口的液滴流到瓶的外壁。

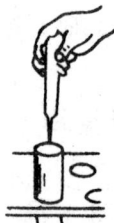

图8 试剂滴入试管的手法

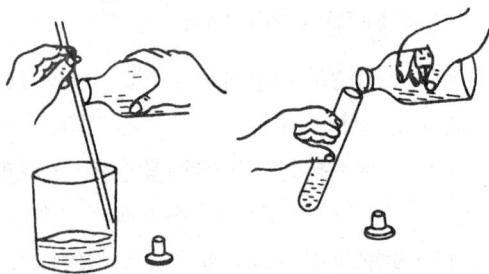

图9 倾注法

(3)在试管里进行某些性质试验时,取试剂不需要准确用量,只要学会估计取用液体的量即可。例如用滴管取用液体,1mL 相当于 15~20 滴,3mL 液体约占一个小试管容量

(10mL)的三分之一,5mL 液体约占一个小试管容量的二分之一,一个大试管容量的四分之一等等。必须注意的是,倒入试管里溶液的量,一般不超过其容积的三分之一。

五、试管实验操作

(1)品种与规格:分硬质试管、软质试管;普通试管、离心试管。普通试管以管口外径×长度(mm)表示。如 25×150,10×25 等。离心管以毫升数表示。试管装于试管架上。

(2)分类:管架有木质、铝质两种。

(3)用途:装盛少量试剂的反应容器,特点是便于操作和观察,用药量小。离心试管还可用于定性分析中的沉淀分离。

(4)实验操作注意事项:①可直接用火加热,但受热要注意均匀。②硬质试管可加热至较高温度。③试管加热后,忌骤冷,尤其是软质试管,骤冷易裂变软。④离心试管只能用水浴加热。

六、温度计和试纸的使用

(一)温度计

实验室最常用的温度计有酒精温度计、水银温度计和贝克曼(差示)温度计三种。

温度计一般用玻璃制成。酒精温度计和水银温度计的下端有一个玻璃球(内盛酒精或水银),与上面一根内径均匀的厚壁毛细管相连通。管外刻有温度刻度。分格值为 1℃或 2℃。这种温度计可估计到 0.1℃或 0.2℃的读数。分格值为 1/10℃的温度计可估计到 0.01℃读数。

每支温度计都有一定的测温范围。酒精温度计所测液体温度不能超过 100℃,水银温度计最高测量温度可以为 250℃、360℃等。

温度计下端的玻璃球很薄,容易破碎,使用时要轻拿轻放,不能当作搅拌棒使用。测量正在加热的液体的温度时,最好将温度计悬挂起来,并使水银球完全浸放在液体中,注意勿使水银球接触容器的底部或器壁。刚测量过高温的温度计不可立即用冷水冲洗,以免水银球炸裂。

温度计的水银球一旦被打碎,要立即用硫黄粉覆盖,避免有毒的汞蒸气挥发。

贝克曼(差示)温度计属于移液式温度计,主要适用于科研工作中精确地测定微量的温度变化。测温范围为 -20℃ ~ +125℃,最小分格值为 0.01℃,借助放大镜读数可精确到 0.001℃。

贝克曼温度计具有两个标度。主标度范围为 5℃,分格值为 0.01℃,副标度温度范围为 -20℃ ~ +125℃,分格值为 2℃,副标度的功能是能在 -20℃ ~ +125℃之间可任意调节到实际所需用的 5℃温度。由于本温度计没有固定温度点,所以不能单独用来测定实际温度,需协同另一支标准温度计一起使用,才能测得精确的温度。

贝克曼温度计系精密仪器,放置时要小心轻放,并切勿倒置。

（二）试纸

实验室常用试纸来定性检验一些溶液的酸碱性，或判断某些物质是否存在。常用试纸有 pH 试纸、石蕊试纸、碘化钾-淀粉试纸、醋酸铅试纸等。

1. pH 试纸

用来检查溶液的 pH 值。

pH 试纸有两类：一类是广泛 pH 试纸，变色范围在 pH = 1 ~ 14，可粗略测溶液的 pH 值。另一类是精密 pH 试纸，如变色范围在 pH = 2.7 ~ 4.7，3.8 ~ 5.4，5.4 ~ 7.0，6.9 ~ 8.4，8.2 ~ 10.0，9.5 ~ 13.0 等。这类精密 pH 试纸可用来较精确地测定溶液的 pH 值。

使用时先将试纸剪成小块，放在干燥的表面皿或白色点滴板上。用玻璃棒蘸取待测溶液点试纸中部。试纸变色后，再与标准色板比较，便可确定溶液的 pH 值。不能将试纸浸泡在待测溶液中，以免造成误差或污染溶液。

2. 石蕊试纸

用来检验溶液的酸碱性。

石蕊试纸有两类：蓝色石蕊试纸和红色石蕊试纸。

使用石蕊试纸的方法和 pH 试纸相同。若检查挥发性物质及气体时，可先将石蕊试纸用蒸馏水润湿，然后悬空放在气体出口处，观察试纸颜色变化。

3. 碘化钾-淀粉试纸

用来定性检验氧化性气体，如 Cl_2、Br_2 等。试纸曾在碘化钾-淀粉溶液中浸泡过。使用时用蒸馏水润湿，置于反应容器上方（勿与反应物接触）。若反应中产生氧化性气体，如 Cl_2、Br_2 等，则与试纸上的 KI 反应，生成 I_2，而 I_2 立即与试纸上的淀粉作用，使试纸变为蓝紫色。

4. 醋酸铅试纸

用来定性检验 H_2S 气体。试纸曾在醋酸铅溶液中浸泡过。使用时用蒸馏水润湿，置于反应容器上方（不与反应物接触）。若有 H_2S 气体产生，则会与试纸上醋酸铅反应，生成黑色的 PbS 沉淀，而使试纸显黑褐色且有金属光泽。

各种试纸都要密闭保存，并且用镊子取用试纸。

七、固体的溶解和沉淀的分离与洗涤

（一）固体的溶解

用溶剂溶解固体试样时，加入溶剂时应先把烧杯适当倾斜，然后把量筒嘴靠近烧杯壁，让溶剂慢慢顺着杯壁流入；或通过玻璃棒使溶剂沿玻璃棒慢慢流入，以防杯内溶液溅出而损失。溶剂加入后，用玻璃棒搅拌，使试样完全溶解。对溶解时会产生气体的试样，则应先用少量水将其润湿成糊状，用表面皿将杯盖好，然后用滴管将溶剂自杯嘴逐滴加入，以防生成的气体将粉状的试样带出。对于需要加热溶解的试样，加热时要盖上表面皿,以防止溶液剧烈沸腾时崩溅。加热后要用蒸馏水冲洗表面皿和烧杯内壁,冲洗时也应使水顺杯壁流下。

在实验的整个过程中,盛放试样的烧杯要用表面皿盖上,以防脏物落入。放在烧杯中的玻璃棒,不要随意取出,以免溶液损失。

(二)沉淀与溶液的分离与洗涤

沉淀与溶液分离的方法有下列几种:

1. 倾析法

当沉淀的相对密度较大或结晶的颗粒较大,静置后能沉降至容器底部时,可用倾析法进行沉淀的分离和洗涤。把沉淀上部的清溶液倾入另一容器内,然后加入少量洗涤液(如蒸馏水)洗涤沉淀,充分搅拌沉降,倾去洗涤液。如此重复操作三遍以上,即可洗净沉淀。

2. 离心分离

少量沉淀与溶液进行分离时,可使用离心机。实验室中常用的离心仪器是电动离心机(图 10)。使用时应注意:

(1)离心管放入金属导管中,位置要对称,重量要平衡,否则易损坏离心机的轴。如果只有一只离心管的沉淀需要进行分离,可取另一只空的离心管,盛以相应质量的水,然后把离心管分别对称地装入离心机的套管中,以保持平衡。

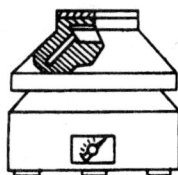

图 10 电动离心机

(2)打开旋钮,逐渐旋转变阻器,使离心机转速由小到大。数分钟后慢慢恢复变阻器到原来的位置,使其自行停止。

(3)离心时间和转速由沉淀的性质来决定。结晶形的紧密沉淀,转速每分钟 1000 转,1 ~ 2 分钟后即可停止。无定形的疏松沉淀,沉降时间要长些,转速可提高到每分钟 2000转。如果经 3 ~ 4 分钟后仍不能使其分离,则应设法(如加入电解质或加热等)促使沉淀沉降,然后再进行离心分离。

离心分离操作步骤如下:

(1)沉淀:边搅拌溶液边加沉淀剂,等反应完全后,离心沉降。在上层清液中再加试剂一滴,如清液不变浑浊,即表示沉淀完全,否则必须再加沉淀剂直至沉淀完全,再离心分离。

(2)溶液的转移:离心沉降后,用吸管把清液与沉淀分开。其方法是,先用手指捏紧吸管上的橡皮头,排除空气,然后将吸管轻轻插入清液(切勿在插入清液以后再捏橡皮头),慢慢放松橡皮头,溶液即慢慢进入吸管中,随试管中溶液的减少,将吸管逐渐下移至全部溶液吸入管内为止。吸管尖端接近沉淀时要特别小心,勿使其触及沉淀(图 11)。

图 11 溶液与沉淀分离

(3)沉淀的洗涤:如果要将沉淀溶解后再做鉴定,必须在溶解之前,将沉淀洗涤干净。常用的洗涤剂是蒸馏水。加洗涤剂后,用搅拌棒充分搅拌,离心分离,清液用吸管吸出,必要时可重复洗几次。

此外,沉淀与溶液的分离还常用过滤法,内容详见下。

八、蒸发、结晶和过滤

(一)蒸发

为鉴定含量较少的离子,在鉴定前应将溶液浓缩。溶液的浓缩一般在小烧杯中进行。烧杯放在石棉网中央,手持酒精灯以小火在下面来回移动使溶液蒸发缓慢均匀,不致因溅出而损失。

若需蒸发至干时,应在蒸发近干即停止加热,让残液依靠余热自行蒸干,避免固体溅出,同时也可防止物质分解。

有时,溶液蒸干后所留下的固体若需强热灼烧,在这种情况下,溶液的蒸发应在小坩埚中进行,蒸发方法与前相同。蒸干后放在小的泥三角上用火烘干,加热的火焰开始小些,然后逐渐加大火焰直至炽热灼烧。

溶液的蒸发浓缩通常在蒸发皿中进行。在少数情况下亦可在烧杯中加热蒸发浓缩,但蒸发效率较差。应用蒸发皿蒸发浓缩溶液时应注意下列几点:

(1)蒸发皿内所放液体的体积不应超过容量的2/3。

(2)蒸发溶液应缓慢进行,不能加热至沸腾。

(3)蒸发有机溶剂溶液一般在水浴锅上进行(少数情况下可放在石棉网上加热),不可用火直接加热。

(4)蒸发过程中应不断用搅拌棒刮下由于体积缩小而留于液面边缘上的固体。

(5)溶液浓缩程度随溶质溶解度大小而不同,但应尽量避免溶液蒸至干涸。

(6)由蒸发皿倒出液体应从嘴沿搅拌棒倒出。

(二)结晶

各种晶体都有特征的晶形。影响晶体生长的因素很多,这些因素不仅会影响结晶速度及晶体大小,有时还会改变结晶的形状。所以要得到一定形状的晶体,要有合适的结晶条件。一般来讲,由较稀的溶液中得到的晶体较大,晶形较好;而由较浓的溶液中得到的晶体较细,晶形不易完整。

1.显微结晶反应

由于各种晶体都有特征的晶形,故可用显微镜观察反应生成的晶体形状,并很快地作出某种离子是否存在的结论。

显微结晶反应的操作方法如下:在干燥的显微镜载片上,相距2cm左右各滴试液与试剂一滴,然后用细的玻璃棒沟通,使试剂与试液发生缓慢的反应,结果在中间先生成晶体。观察晶形时,应将过多的溶液用滤纸吸去。

如果溶液浓缩后才能结晶,则必须使溶液在载片上受热蒸发。操作方法是:先滴一滴试液于载片的中央,然后用试管夹夹载片的一端在石棉网的上方来回移动使其受热,缓慢蒸发至干,冷却后在残渣上加一滴试剂,过一些时间就会生成晶体。

观察生成的晶体须用显微镜。

使用显微镜的方法如下:

(1)选择放大倍数合适的目镜及物镜(放大总倍数为目镜和物镜放大倍数之乘积)。

(2)调好反光镜,使目镜内照明良好。

(3)在载物台上放好载片。载片背面应擦干,以免污染物台。载片应夹好以防滑动。

(4)调节物镜最低至离载片5mm左右,然后用左眼看目镜并缓慢升高镜筒,直至呈现清晰的物像为止。若镜筒升至最高仍未看到现象,应重新将镜筒降至离载片5mm后再重新调节,绝不可在观察时下降镜筒,以防物镜触及载片。

(5)目镜及物镜若被污染,应当用擦镜纸,不能用一般的纸或布擦。

(6)显微镜不用时应放在箱内,物镜放在专用盒中。

2. 重结晶

从混合物中分离出的固体化合物往往是不纯的,其中常夹杂一些反应副产物、未作用的原料及催化剂等。纯化这类化合物的有效方法通常是用合适的溶剂进行重结晶。其一般过程为:

(1)将不纯的固体有机物在溶剂的沸点或接近于沸点的温度下溶解在溶剂中,制成接近饱和的浓溶液,若固体有机物的熔点较溶剂沸点低,则应制成在熔点温度以下的饱和溶液。

(2)若溶液含有色杂质,可加活性炭煮沸脱色。

(3)过滤此热溶液以除去其中不溶物质及活性炭。

(4)将滤液冷却,使结晶自过饱和溶液中析出,而杂质仍留母液中。

(5)抽气过滤,从母液中将结晶分出,洗涤结晶以除去吸附的母液。所得的结晶,经干燥后测定熔点,如发现其纯度不符合要求时,可重复上述操作直至熔点不再改变。

3. 溶液结晶

将滤液在冷水浴中迅速冷却并剧烈搅动时,可得到颗粒很小的晶体。小晶体包含杂质较少,但其表面积较大,吸附于其表面的杂质较多。若希望得到均匀而较大的晶体,可将滤液(如在滤液中已析出结晶,可加热使之溶解)在室温或保温下静置使之缓缓冷却。

有时由于滤液中焦油状物质或胶状物存在,使结晶不易析出,或有时因形成过饱和溶液也不析出结晶,在这种情况下,可用玻璃棒摩擦器壁以形成粗糙面,使溶质分子易呈定向排列而形成结晶;或者投入晶种(同一物质的晶体,若无此物质的晶体,可用玻璃棒蘸一些溶液稍干后即会析出结晶),供给定型晶核,使晶体迅速形成。

有时被纯化的物质呈油状析出,油状物长时间静置或足够冷却后虽也可以固化,但这样的固体往往含有较多杂质(杂质在油状物中溶解度常较在溶剂中溶解度大;其次,析出的固体中还会包含一部分母液),纯度不高,用溶剂大量稀释,虽可防止油状物的生成,但将使产物大量损失。这时可将析出油状物的溶液加热重新溶解,然后慢慢冷却。一旦油状物析出时便剧烈搅拌混合物,使油状物在均匀分散的状况下固化,这时包含的母液就大大减少。但最好还是重新选择溶剂,得到有晶形的产物。

(三)过滤

为了达到分离固体和液体的目的,在实验中必须掌握下面二种过滤操作。

1. 常压过滤

这是一种最简单和常用的过滤方法,操作步骤如下:

滤纸的折叠:取一正方形或圆形滤纸折叠成四层并剪成扇形,圆形滤纸不必再剪。若漏斗的规格不标准(非60°角),滤纸和漏斗不密合,这时需要重新折叠滤纸,不对半折而成一个适当的角度,展开后可以展成大于60°的锥形,也可展成小于60°的锥形,根据漏斗的角度来选用,使滤纸与漏斗密合,然后撕去一小角。

用食指把滤纸按在漏斗内壁上,用水湿润滤纸,并使它紧贴在壁上,去除纸和壁之间的气泡。过滤时,漏斗颈内可充满滤液,滤液以本身的重量使漏斗内液下漏,过滤大为加速,否则,气泡的存在可阻缓液体在漏斗颈内流动而减缓过滤的速度。漏斗中滤纸的边缘应略低于漏斗的边缘(图12)。

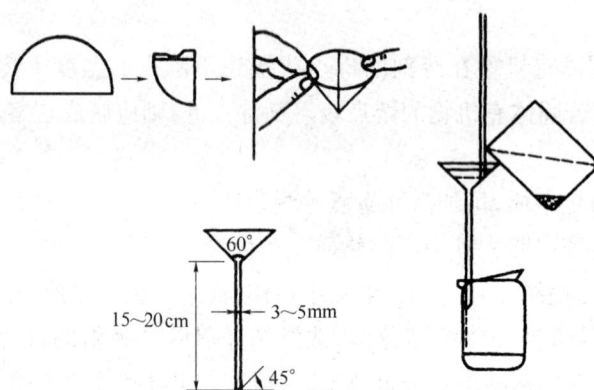

图12　滤纸的折叠方法和过滤操作

过滤时应注意:漏斗要放在漏斗架上,漏斗颈要靠在接受容器的壁上;先转移溶液,后转移沉淀;转移溶液时,应把它滴在三层滤纸处;转移时要搅拌,每次转移量不能超过滤纸容量的2/3,以免溢过滤纸而漏下。

如果需要洗涤沉淀;则等溶液转移完毕后,往盛着沉淀的容器中加入少量溶剂,充分搅拌,并放置,待沉淀下降后,把沉淀液转移入漏斗,如此重复操作两三遍,再把沉淀转移到滤纸上。洗涤时要遵循少量多次的原则,提高洗涤效率。检查滤液中的杂质,可以判断沉淀是否已经洗净。

2. 减压过滤

为了获得比较干燥的结晶和沉淀,常用减压过滤(或称抽滤),这种过滤方法速度快,但不适合于胶状沉淀和颗粒很细的沉淀,因为后者更易透过滤纸,前者更易堵塞滤孔或在滤纸上形成一层密实的沉淀,使溶液不易透过,结果事与愿违。减压过滤的装置由水泵、安全瓶、吸滤瓶和布氏漏斗彼此连接而成(图13)。

操作时应该注意以下几点:

(1)过滤前须检查漏斗的颈口是否对准吸滤瓶的支管,安全瓶的长玻璃管接水泵,短的接吸滤瓶。

(2)滤纸的大小应剪得恰好掩盖住漏斗的磁孔,先用水或相应的溶剂润湿,然后开启水泵,使它贴紧漏斗不留孔隙,这时才能进行过滤操作。

图13 减压过滤装置

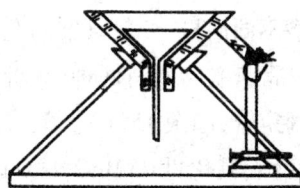

(3)过滤时,先将上部澄清液沿着玻璃棒注入漏斗中,然后再将晶体或沉淀转入漏斗进行吸滤。未能完全转移的固体应用母液冲洗再行转移而不能用水或相应的溶剂,以减少沉淀的损失。

(4)滤液将充满吸滤瓶时(但不能使它上升至吸滤瓶支管的水平位置),应拔去橡皮管,停止抽气,将漏斗拿下,将滤液从吸滤瓶中倒出(支管向上)后再继续抽滤。

(5)在抽滤过程中,不得突然关闭水泵,如欲取出沉淀或是倒出滤液而需要停止抽滤时,应该先将吸滤瓶支管上橡皮管拔下,停止抽滤,然后再关上水泵,否则水将倒吸。

(6)在漏斗内洗涤结晶时,应停止抽滤,让少量水或相应的溶液缓慢通过晶体,然后再行抽滤和压干。

有些强酸性、强碱性或强氧化性的溶液过滤时不能用滤纸,因为溶液要和滤纸作用而破坏滤纸,可用石棉纤维来代替滤纸。此法适用于分析或滤液有用的情况。还有使用玻璃熔砂漏斗的,这种漏斗常见的规格有四种,即1号、2号、3号、4号。1号的孔径最大。可以根据沉淀颗粒不同来选用。但它不能用于强碱性溶液的过滤,因为强碱会腐蚀玻璃。

3. 热过滤

如果溶液中的溶质在温度下降时很易析出大量结晶,为不使结晶在过滤过程中留在滤纸上,就要趁热进行过滤。过滤时可把玻璃漏斗放在铜质的热漏斗内(图14),热漏斗内装有热水,以维持溶液的温度。

也可以在过滤前把玻璃漏斗放在水浴上用蒸汽加热,然后使用,此法较简单易行。另外,热过滤时选用的玻璃漏斗的颈部愈短愈好,以免过滤时溶液在漏斗颈内停留过久,因散热降温,析出晶体而发生堵塞。

图14 热过滤用漏斗

4. 离心分离法

当被分离的沉淀量很少时,使用一般方法过滤后,沉淀会粘在滤纸上,难以取下。这时可应用离心分离。实验室内常用电动离心机。把要分离的混合物放在离心管中,再把离心管装入离心机的套管内,在对面的套管内放一盛有与其等重量水的离心管。使离心机旋转一定时间后,让其自然停止旋转。通过离心作用,沉淀就紧密地聚集在离心管底部

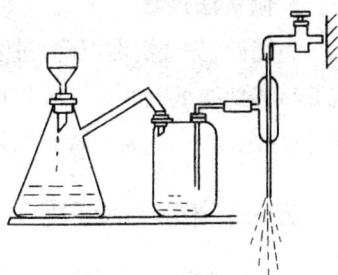

而溶液在上部。用吸管将溶液吸出。如果洗涤,可往沉淀中加入少量溶剂,充分搅拌后再离心分离。重复操作两三遍即可。

5.倾析法过滤

过滤前,先让沉淀沉降;过滤时,不要搅动沉淀,先把清液倒入滤纸上,待清液滤完,再把沉淀转移到滤纸上。这样可防止沉淀堵塞滤孔而减慢过滤速度。最后由洗瓶吹出少量蒸馏水,洗涤沉淀 1~2 次。需要充分洗涤沉淀时,还可在倾出清液后,用蒸馏水洗涤,重复数次。

九、玻璃量器的使用

化学实验室使用的玻璃器皿,统称为玻璃仪器。按照它们的用途大体可分为容器类、量器类和其他常用器皿三大类。这里主要介绍医学基础化学实验经常使用的玻璃量器,玻璃量器是指对溶液体积进行计量的玻璃器皿,一般有量筒、滴定管、容量瓶、移液管和吸量管等。

(一)量筒

量筒是用来量取要求不太严格的溶液体积的,它有 5~2000mL 十余种规格。量筒的使用方法如下:

(1)量取液体时,量筒应垂直放置,读数时视线应与液面水平,读取弯月面最低处刻度,视线偏高或偏低均会产生误差。

(2)量筒不能加热,也不能用作试验(如溶解、稀释等)容器,不允许量热的液体,以防止量筒破裂。

(二)滴定管

滴定管主要用于容量分析,是滴定时准确测量标准溶液体积的量器。滴定管有常量与微量滴定管之分:常量滴定管的容积有 20、25、50、100mL 四种规格,最小刻度为 0.1mL,估计读数 0.01mL;微量滴定管分为一般微量滴定管与自动微量滴定管,容积有 1、2、3、5、10mL 五种规格,刻度精度因规格不同而异,一般可准确至 0.005mL 以下。

常量滴定管有两种:一种是酸式滴定管,如图 15(a);另一种是碱式滴定管,如图 15(b)。酸式滴定管的下端有玻璃活塞开关,它用来盛装酸性、氧化性($KMnO_4$、I_2)以及盐类的稀溶液,不宜盛装碱性溶液。碱式滴定管的下端连接一橡皮管,管内有玻璃球以控制溶液的流出速度,橡皮管下端再连一尖嘴玻璃管。碱式滴定管用来盛放碱性溶液,凡是能与橡皮管起反应的氧化性溶液($KMnO_4$、I_2 等),都不能盛放在碱式滴定管中。

1.滴定前酸式滴定管的准备

(1)首先应检查玻璃活塞是否配合紧密,如不紧密,将会产生漏液现象,则不宜使用。

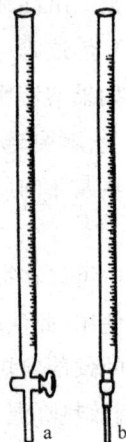

图 15　酸、碱式
滴定管
a.酸式滴定管
b.碱式滴定管

（2）为了使玻璃活塞转动灵活并防止漏液现象，需将活塞涂油（凡士林或真空活塞油脂）。操作方法如下：

①取下活塞小头处的固定橡皮圈，拿出活塞。

②用滤纸吸干活塞和活塞套的水分。

③用手指蘸少许凡士林涂在活塞上，注意活塞孔的两旁少涂一些，以免堵住活塞孔。将涂上薄薄一层的活塞插入活塞套中并向同一方向均匀转动，直至透明。最后从活塞小头部分套上橡皮圈。

④检查涂好凡士林的滴定管是否漏液，如果漏水，则应重新进行涂油操作。若活塞孔或滴定管尖嘴部分被凡士林堵塞时，可将它插入热水中温热片刻，然后打开活塞，使管内的水快速流下，冲出软化的凡士林，再重复涂油操作。

（3）洗涤滴定管先用自来水冲洗干净后，再用铬酸洗液洗涤，倒出洗液后，用自来水冲净洗液残液，然后用蒸馏水冲洗三次，洗净的滴定管内壁为一均匀润湿水层而不挂水珠。滴定管洗涤的操作要求是：关闭活塞，倒入洗涤液，两手平端滴定管，右手拿住滴定管上端无刻度部分，左手拿住活塞上部无刻度部分，边转边向管口倾斜，使溶液流遍全管。打开活塞出口使涮洗液从下端流出。

2. 滴定前碱式滴定管的准备

（1）首先检查橡皮管是否老化、变质，检查玻璃球是否合适，球过大，不便操作；过小，则会漏液。如不合要求及时更换。

（2）洗涤碱式管，方法和要求与酸式管相同。

3. 装入标准溶液

在正式开始滴定操作之前，应先用待装标准溶液洗涤滴定管 2～3 次（每次用量 10mL 左右），以确保标准溶液的浓度不变。

装入标准溶液时，应由试剂瓶直接倒入滴定管中，不得借用其他容器（如漏斗滴管等），以免改变标准液的浓度或造成污染。装满溶液的滴定管，应检查滴定管尖嘴内有无气泡，如有气泡将影响溶液体积的准确测量，必须排出。酸式滴定管，可用右手拿住滴定管无刻度部分使其倾斜约 30°角，左手迅速打开活塞，使溶液快速冲出，将气泡带走；碱式滴定管，可把橡皮管向上弯曲，使其与滴定管成约 45°角，挤捏玻璃球，使溶液从尖嘴快速向上喷出，即可排出气泡（图 16）。

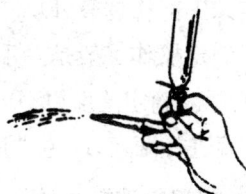

图 16　碱式滴定管排气泡的方法

4. 滴定管的读数

滴定管读数前，应注意管尖上有无挂着水珠。若在滴定后挂有水珠，则不能准确读数。正确读取体积刻度是减少容量分析实验误差的重要措施，一般读数应遵守下列原则：

（1）读数时滴定管应垂直放置。

（2）由于水的附着力和内聚力的作用，滴定管内的液面呈弯月形，无色和浅色溶液的弯月面比较清晰，读数时，应读弯月面下缘实线的最低，即视线应与弯月面下缘实线的最低点在同一水平面上,如图 17(a)。对于有色溶液,其弯月面不够清晰,读数时视线应与液面两侧的最高点相切,这样才较易读准图 17(b)。若为蓝线滴定管,读数时,多以液面折射成的两个弯月角相交于蓝色带中线上的一点为准,如图 17(c)。

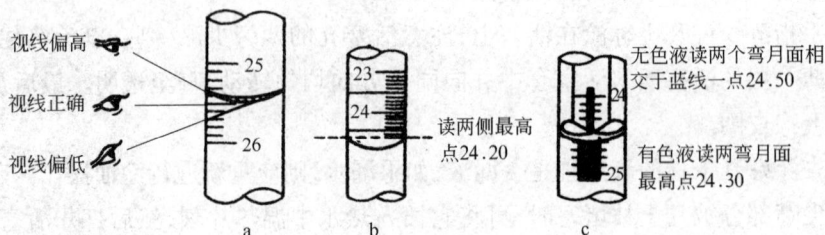

视线偏高
视线正确
视线偏低

25
26
23
24
读两侧最高
点24.20

无色液读两个弯月面相
交于蓝线一点24.50
有色液读两弯月面
最高点24.30

a   b   c

图 17   滴定管的读数方法
a.无色或浅色溶液读数方法;b.有色溶液读数方法;c.蓝线滴定管读数方法

(3)为了使读数准确,在滴定管装满或放出溶液后,必须等 1~2 分钟,使附着在内壁的溶液流下来,再读数。

(4)读取的数值必须读至小数点后第二位,即要求估计到 0.01mL。

5.滴定管的操作方法

使用滴定管时,应将其垂直地夹在滴定管架上。

使用酸式滴定管时,左手握滴定管,其无名指和小指向手心弯曲,轻轻贴着出口部分,用其余三指控制活塞的转动。但应注意,不要向外用力,以免推出活塞造成漏液,应使活塞稍有一点向手心的回力。

使用碱式滴定管时,仍以左手握管,其拇指在前,食指在后,其他三指辅助夹住出口管。用拇指和食指捏住玻璃球所在部位,向右边挤橡皮管,使玻璃球移至手心一侧,这样,溶液可从玻璃球旁边的空隙流出。不要用力捏玻璃球,也不要使玻璃球上下移动,不要捏玻璃球下部橡皮管,以免空气进入形成气泡而影响读数。

滴定操作一般是左手握塞,右手持锥形瓶;左手滴液,右手摇动,两手操作姿势如图 18 所示。滴定速度以 10mL/min(即每秒3~4滴)为宜。接近终点时,滴速要慢,以半滴或 1/4 滴进行滴定,以免过量。对于滴定管尖端的液滴可用触及锥形瓶内壁的方法转入瓶中,并用塑料洗瓶将滴液冲入被滴定液中,摇动锥形瓶观察颜色变化。达到终点后,稍停 1~2 分钟后,待内壁挂有的溶液完全流下时再读数。为减少实验误差,最好每次滴定都从 0.00mL,或从接近 0 的任一刻度开始。这样可以消除因上下刻度不匀所引起的误差。滴定结束后,滴定管内的溶液应弃去,不要倒回原瓶中,以免沾污瓶内溶液。随后,洗净滴定管,用蒸馏水充满管,垂直夹在滴定台上,备用。

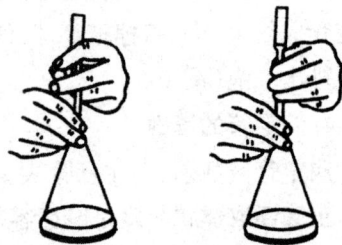

图 18   两手操作姿势

微量滴定管常用于较精密的滴定,操作方法与常量滴定管相同。

(三)容量瓶

也称量瓶,是一种细颈梨形的平底玻璃瓶,带有磨口瓶塞。瓶颈上刻有环形标线,表示在20℃的温度下溶液满至标线时的容积。有10、25、50、100、250、500、1000mL几种规格,并有白、棕两色,棕色用来配制见光易分解的试剂溶液。容量瓶主要是用来把精确称量的试剂配制成准确浓度的溶液或是将准确浓度的浓溶液稀释成准确浓度的稀溶液。

为了正确使用容量瓶,必须明确下面几点:

(1)容量瓶的检漏:容量瓶在洗涤前,应先检查瓶与塞的号码是否相符,即瓶塞是否漏水。如果漏水,则不宜使用。检查瓶塞是否漏水的方法为:加自来水至标线刻度附近,盖好瓶塞后,左手用食指按住瓶塞,其余手指拿住瓶颈标线以上部分,右手用指尖托住瓶底边缘,如图19所示。将瓶倒立2分钟,如不漏水,将瓶直立,转动瓶塞180°后,再倒立2分钟检查,如不漏水,方可使用。

使用容量瓶时,不要把瓶塞随意放在桌面上,以免沾污和搞错。

(2)容量瓶的洗涤:先用自来水冲洗几次,倒出水后内壁不挂水珠,即可用蒸馏水荡洗三次后,备用。否则,就必须用铬酸洗液洗涤,再用自来水充分冲洗,最后用蒸馏水荡洗3次。为避免浪费,一般每次用蒸馏水15～20mL左右。

(3)溶液的配制:配制溶液时,将准确称量的试剂放入小烧杯中,加入少量蒸馏水,搅拌使其溶解后,沿玻璃棒把溶液转移到容量瓶中(图20)。然后用蒸馏水洗涤小烧杯3～4次,每次的洗液按同样操作转移到容量瓶中。当溶液加至容积的2/3时,应将容量瓶作初步混匀(注意!不能倒转容量瓶),在接近标线时,可用滴管或洗瓶逐滴加水至弯月面最低点恰好与标线相切。盖紧瓶塞,用食指压住瓶塞,另一只手托住容量瓶底部(图19),然后,倒转容量瓶,使瓶内气泡上升到顶部,边倒转边摇动,如此反复多次,将瓶内溶液充分混匀。

图19　检查漏水或混匀溶液的操作　　　　**图20　转移溶液的操作**

容量瓶不宜配制、更不宜贮藏强碱溶液或浓盐溶液。容量瓶用完后应及时洗净,检查

瓶塞与瓶号相符时,在瓶塞与瓶口之间衬以纸条后保存起来。

容量瓶不得在烘箱内烘烤,也不许以任何方式加热。

(四)移液管和吸量管

移液管是中间有膨大部分(称为球部)的玻璃管,球部的上部和下部均为较细窄的管径,管径上刻有标线,如图 21(a)所示。在标明的温度下,使溶液的弯月面与移液管标线相切,让溶液按一定方式自由流出,则流出的体积与管上标明的体积相同。移液管是用来准确移取一定体积溶液的仪器,常用的移液管有 5、10、25、50mL 等规格。

吸量管是具有分刻度的玻璃管,如图 21(b、c、d)所示。它一般只适用于量取小体积的溶液。常用的吸量管有 1、2、5、10mL 等规格,吸量管吸取溶液的准确度不如移液管。有些吸量管的分刻度不是刻到管尖,而是离管尖尚差 1～2cm,如图 21(d)。

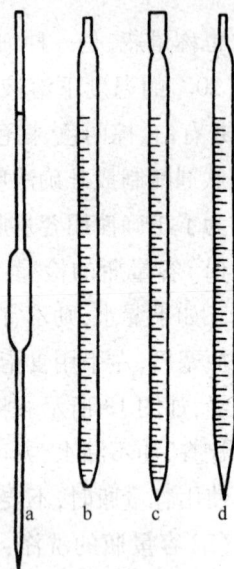

图 21　移液管和吸量管
a.移液管;b～d.吸量管

移液管在使用前必须进行洗涤。一般情况下,洗涤移液管时,可用铬酸洗液浸泡数小时,再用自来水、蒸馏水冲净,然后用滤纸片吸干移液管下部外壁和尖端处的水珠,最后用欲移取的溶液洗涤2～3次,以确保所移溶液的浓度不变。

用移液管移取溶液的方法是:用右手的大拇指和中指拿住管颈上方,下部的尖端插入溶液中,左手持吸耳球,先把球中空气压出,然后将球的尖端插进管口,缓慢松开左手使溶液吸入管内。当液面升至刻度线以上时,移去吸耳球,立即用右手的食指堵住管口,将移液管下端提出液面,略为放松食指,将多余的溶液慢慢放出,直至溶液的弯月面与刻度线相切时,立即用食指压紧管口。排液时移液管插入承接容器中,管的末端紧贴容器内壁,此时移液管应垂直,承接的器皿应倾斜,松开食指,让管内的溶液沿器壁徐徐流出,如图 22 所示。最后在器壁上停留 15 秒钟即可移去移液管。一般移液管的体积以自动流出量为准,管尖部余液不能吹进承接器皿。因为在标刻移液管的刻度时,未将余液部分计入容积刻度。如若移液管上刻有"吹"字或"快"字,则可吹出管尖部余液。

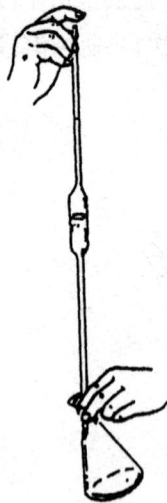

图 22　移液管放液操作

用吸量管吸取溶液时,大体上与移液管的操作相同。但吸量管上常标有"吹"字,特别是 1mL 以下的吸量管尤其如此。使用时,管尖部的溶液必须吹出,不允许保留。实验时,要尽量使用同一支吸量管,以免带来误差。

移液管和吸量管用完后,应放在指定的位置上。实验完毕后用自来水、蒸馏水分别冲洗干净。

十、微型实验仪器

无机化学微型实验仪器常用的有以下几种：

(一)井穴板

国外的井穴板以板上井穴数目来定规格,有 96 孔(井穴容积 ~ 0.3mL)、24 孔(~2.8mL)、12 孔(~6.3mL)几种。

国内生产的井穴板现有 96 孔和 40 孔(~0.3mL),这两种规格的井穴板,医药界又称之为酶标板、9 孔单条井穴板(~0.7mL)、6 孔井穴板(~5mL)。后三种井穴板在微型实验中应用较多,为便于使用,今后我们以单孔容积作为分类依据,即 0.7mL 井穴板指 9 孔单条井穴板;5mL井穴板是指 6 孔井穴板(图 25)。市场供应的井

图23 24 孔井穴板

穴板多用透明的聚苯乙烯或有机玻璃为材料,经压塑制成。对于井穴板的技术要求是:一块板上各井穴的容积应一致,同一列井穴的透光率相同。井穴板是微型无机或普化实验的重要反应容器。温度不高于 323K(50℃)的无机反应,一般可在井穴板上进行。因而井穴板具有烧杯、试管、点滴板、试剂储瓶等的一些功能,有时还可起到一组比色管的作用。由于井穴板上孔穴较多,可由板的纵横边沿所标示的数字给每个孔穴定位,如图 23 的 B3穴。这样就便于向指定的井穴添加规定的试剂。颜色改变或有沉淀生成的无机反应在井穴板上反应现象明显,不仅操作者容易观察,而且通过投影仪还可作演示实验。

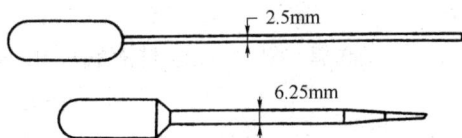

图24 多用滴管

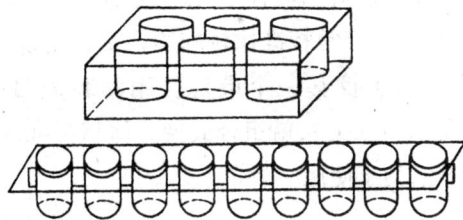

图25 9 孔和 6 孔井穴板

(二)多用滴管

多用滴管由具有弹性的聚乙烯通过吹塑制成的,它是一个圆筒形的吸泡连接一根细长的径管而成。国外的多用滴管的型号如表 4 所示。日前国内已生产吸泡体积为 4mL的多用滴管。

表4 国外多用滴管的型号与规格

型 号	吸泡体积/mL	径管直径/mm	径管长度/mm
Ap1444	4	2.5	153
Ap1445	8	6.3	150

多用滴管集储液和滴液的功能为一体,又能耐一般无机酸碱的腐蚀,是无机酸、碱、盐溶液的实用小滴瓶,适合学生实验时使用。一些易与空气中的 O_2 与 CO_2 等反应的试剂配制好后,即可按捏多用滴管的吸泡,使空气大部分排出,吸入所配的试剂至充满吸泡约 2/3 体积时,倒转滴管使径管朝上,轻挤吸泡,排出径管中的液体(可边排边用吸水纸吸去),然后在酒精灯火上熔封径管中部,再贴上试剂标签,这样就完成了该试剂滴瓶的灌装封口工作。此试剂滴瓶可保存较长的时间并便于携带和存放。用一块厚度约 1cm 的泡沫塑料,以合适的打孔器在上面钻几排孔就是一只实用的滴瓶架(图 26)。

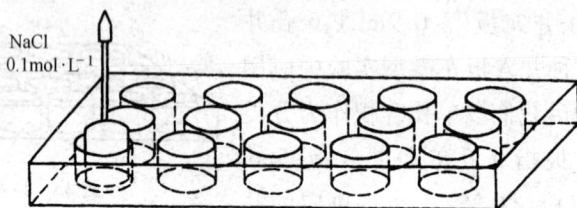

图 26 试剂滴瓶及滴瓶架

多用滴管的径管经加热软化后可拉细(也可在室温下拔伸拉细)做成毛细滴管(图 27),用它可转移液体,若预先校准它的液滴体积(~50 滴/mL),则通过液滴的数目可较准确地计量出滴加液体的体积,这时它成了少量液体滴加计量器和一个简易的微型滴定管。由于手工拉出的毛细管管壁薄,温度的变化对毛细管的影响颇大,液滴体积要经常校准比较麻烦。实践发现,在多用滴管径管上仅套一个市售医用塑料微量吸液头

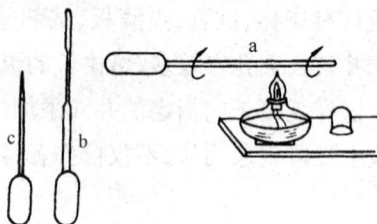

图 27 多用滴管径管的加工

(简称微量滴头),就组合成液滴体积(~0.025mL)的毛细滴管(图 28),这时液滴体积不易变化,便于使用。

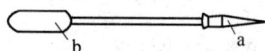

图 28 微量滴头(a)与多用滴管(b)组成的毛细滴管

多用滴管的吸泡还是一个反应容器,也可放入离心机中离心,它的其余功能还有待于进一步开发。

使用多用滴管时,液体的量以"滴"计,一滴为 0.020 ~ 0.040mL,是常规实验液体计量单位毫升(mL)的 1/50 左右,显著节省了化学试剂。实践表明,在许多情况下,点滴反应的现象明显,并容易观察到试剂用量变化对反应的影响。通过计量液滴滴数使实验定量或半定量化,便于进行系列对比或平行试验,操作简易快速,易于重复,携带方便。在无机和普通化学的微型实验中,井穴板和多用滴管应用很广。它们的缺点是:①不能在高于 323K(50℃)的温度下使用;②一些能与聚乙烯、聚苯乙烯作用的有机溶剂如 CCl_4、$(CH_3)_2CO$ 等不能盛在这些器件中。

十一、pH 计的使用

(一)基本原理

pH 计(也称为酸度计)必须具备传感电极(也称为指示电极)和参比电极。pH 计则采用了一个复合电极(传感和参比电极的复合体)。

传感电极(复合电极中的传感元件)具有某种 pH 值稳定的内缓冲溶液,并在被测溶液中产生电极电势。电极电势值大小决定于溶液中的 H^+ 浓度,即随待测溶液的 pH 值而改变。根据能斯特方程,在 298K 时,电极反应:

$$2H^+ + 2e^- \Longrightarrow H_2$$

$$E_{传感} = E_{传感}^{\ominus} + \frac{0.0592}{2} \times \lg \frac{\left[\dfrac{c_{eq}(H^+)}{c^{\ominus}}\right]^2}{\dfrac{p_{H_2}}{p^{\ominus}}}$$

$$p_{H_2} = p^{\ominus} \qquad E_{传感} = E_{传感}^{\ominus} - 0.0592pH$$

参比电极(复合电极中的参比元件),具有固定的电极电势值,与被测溶液的 H^+ 浓度无关。

将 pH 计中的复合电极插入被测溶液中,传感元件和参比元件就构成了原电池,可以测定该电动势:

$$E_{MF} = E_{参比} - E_{传感} = E_{参比} - (E_{传感}^{\ominus} - 0.0592pH)$$

$$pH = \frac{E_{MF} - E_{参比} + E_{传感}^{\ominus}}{0.0592}$$

上式中,$E_{参比}$ 和 $E_{传感}^{\ominus}$ 均为定值。

pH 计已将所测的电池电动势换算成 pH 值直接在显示屏上显示出来。

(二)结构简介

Ⅰ.320S pH 计结构示意图

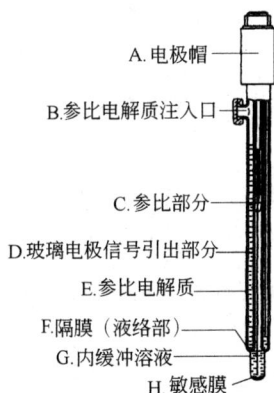

A.电极帽
B.参比电解质注入口
C.参比部分
D.玻璃电极信号引出部分
E.参比电解质
F.隔膜(液络部)
G.内缓冲溶液
H.敏感膜

图29 复合电极

(1)复合电极,见图 29。

(2)320-S pH 计外形见图 30。

(3)输入及输出连接,见图 31。

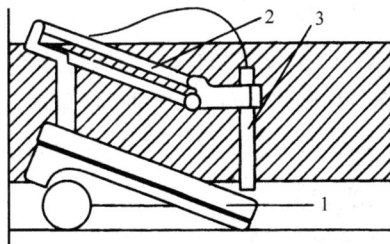

图30 320-S pH 计
1.显示屏;2.电极活动夹;3.复合电极

（4）显示屏及控制键，见图32。

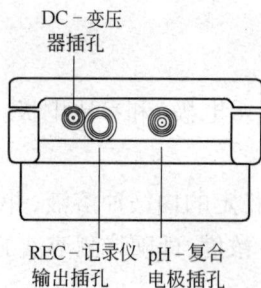

REC－记录仪　pH－复合
输出插孔　　电极插孔

图31　输入及输出连接

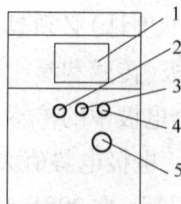

图32　显示屏及控制键

1.数字显示；2.模式；3.校正；4.开/关；5.读数

Ⅱ. pHS-3c 型酸度计结构示意图

pHS-3c 型酸度计由主机和复合电极组成，主机上有选择、温度、斜率和定位四个旋钮或按键。仪器的外观结构如下图：

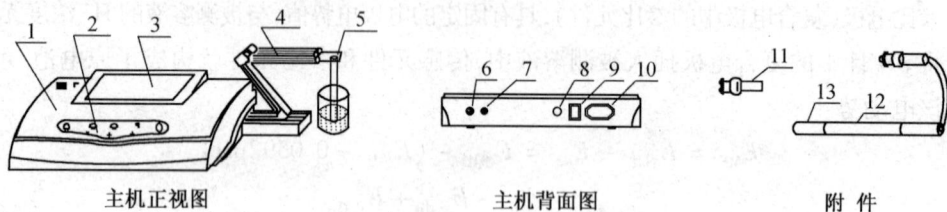

主机正视图　　　　　　　　主机背面图　　　　　　附　件

图33　pHS-3c 型酸度计结构示意图

1.主机箱；2.旋钮或键盘；3.显示屏；4.多功能电极架；5.电极卡口；6.测量电极接口；7.参比电极接口；
8.保险丝；9.电源开关；10.电源插座；11.Q9 短路插头；12.pH 复合电极；13.电极保护套

（三）操作步骤

Ⅰ. 320S pH 计操作步骤

1. 安装

将变压器连接在 DC 插孔，将短路夹从 pH 插孔中拔出，并将之夹在插孔外端以便保存，接上电源。

取下复合电极盛液套，并用蒸馏水清洗电极玻璃膜部分，然后用滤纸吸干，不要摩擦玻璃部分以防增加响应时间。取下参比电解质注入管处的 T 形橡皮塞，保证内外压平衡。再将复合电极平缓移至垂直位置，以防敏感玻璃球泡内存有气泡，并固定在电极夹上。

2. 温度输入

（1）按〔开/关〕，接通显示器。

（2）按〔模式〕进入温度方式，显示屏有"C"图样。按一下〔校正〕，温度值的十位数从 0 开始闪烁,每隔一段时间加"1"。当十位数达到所需数值时,按一下 读数 。这时十位数固定不变,个位数开始闪烁,并且累加,当个位数达到所要数值时,按一下 读数 ,十位数和个位数均保持不变。小数点后十分位开始在 0~5 之间变化,当到达所需数字时按 读数 ,温度值将固定,且小数点停止闪烁。此时温度值已被记入 pH 计,校正用标准缓冲液和被测溶液都要输入溶液的温度值。

3. 校准 pH 电极(复合电极)

(1)按 模式 ,进入 pH 方式。

(2)一点校正。将复合电极放入 pH = 6.86 的标准溶液中,同时球泡要完全置于溶液中,不能碰到烧杯壁。轻摇烧杯,振荡溶液,然后静止。按 校正 。320-S pH 计在校准时自动判定终点,当达到终点时,显示屏显示数字 6.86(±0.01),至数字不再闪烁为止,若要人工定义终点,按 读数 。同时在模拟式尺度上显示模拟式的 pH 值。

(3)二点校正。用蒸馏水清洗电极,滤纸吸干,将电极放入 pH = 4.01 的标准缓冲液,重复(2)步骤操作,显示屏同时显示数字 4.01 及模拟式的 pH 值。当显示静止后电极斜率值也简要显示。

4. 测定样品 pH 值

用蒸馏水冲洗电极,再用滤纸吸干,将电极放入样品中,轻轻摇动烧杯,然后静置,按 读数 ,启动测定过程,小数点会闪烁,显示屏同时显示数字及模拟式 pH 值,待数值稳定后,按 读数 ,小数点停闪。启动一个新的样品测定过程,重复上述操作,再按 读数 。

Ⅱ. pHS-3c 型酸度计操作步骤

1. 开机前准备

电极梗旋入电极梗插座,调节电极夹到适当位置。把复合电极夹在电极夹上,取下电极前端的电极套。并用蒸馏水清洗电极,清洗后用滤纸吸干。

2. 开机

将电源线插入电源插座,按下电源开关,电源接通后,指示灯亮,屏幕出现读数(与数字多少无关),预热 20 分钟,接着进行标定。

3. 标定

仪器使用前,先要标定,一般来说,仪器在连续使用时,每天要标定一次。

(1)在测量电极插座处拔去短路插座,插上复合电极;

(2)把选择开关旋钮调到 pH 档,调节温度补偿旋钮,使旋钮白线对准溶液温度值,把斜率调节旋钮顺时针旋到底(即调到 100% 位置)。

(3)把清洗过的并用滤纸吸干水的电极插入 pH = 6.86(RT)的缓冲溶液中,调节定位调节旋钮,使仪器显示读数与该缓冲溶液当时温度下的 pH 值相一致(如用混合磷酸定位温度为 10℃时,pH＝6.92)。

(4)取出电极,用蒸馏水清洗,并用滤纸吸干残留的水,再插入 pH＝4.00(待测溶液 pH<7)或 pH＝9.18(待测溶液 pH>7)的标准溶液中,调节斜率旋钮使仪器显示读数与该缓冲溶液中当时温度下的 pH 值一致。

(5)重复(3)至(4)步骤直至不用再调节定位或斜率两调节旋钮为止,完成标定。

4. 测量 pH 值

(1)用蒸馏水洗电极头部,并用滤纸吸干残留的水,把电极浸入被测溶液中,用玻璃棒搅拌溶液,使溶液均匀,在显示屏上读出溶液的 pH 值。

(2)若被测溶液和定位溶液温度不相同时,先用温度计测出被测溶液的温度值,调节"温度"调节旋钮,使白线对准被测溶液的温度值。再把洗净擦干的电极插入被测溶液内,用玻璃棒搅溶液,使溶液均匀后读出该溶液的 pH 值。

(四)注意事项

1. 复合电极不用时,可充分浸泡在 $3mol \cdot L^{-1}$ 氯化钾溶液中。切忌用洗涤液或其他吸水性试剂浸洗。

2. 使用前,检查玻璃电极前端的球泡。正常情况下,电极应该透明而无裂纹;球泡内要充满溶液,不能有气泡存在。

3. 测量浓度较大的溶液时,尽量缩短测量时间,用后仔细清洗,防止污染电极。

4. 清洗电极后,不要用滤纸擦拭玻璃膜,而应用滤纸吸干,避免损坏玻璃薄膜,防止交叉污染,影响测量精度。

5. 测量中注意电极的银-氯化银内参比电极应浸入到球泡内氯化物缓冲溶液中,避免电极显示部分出现数字乱跳现象。使用时,注意将电极轻轻甩几下。

6. 电极不能用于强酸、强碱或其他腐蚀性溶液。严禁在脱水性介质如无水乙醇、重铬酸钾等中使用。

(五)标准缓冲溶液的配制及保存

1. pH 标准物质应保存在干燥的地方,如混合磷酸盐 pH 标准物质在空气湿度较大时就会发生潮解,一旦出现潮解,pH 标准物质即不可使用。

2. 配制 pH 标准溶液应使用二次蒸馏水或者是去离子水。先用小烧杯来溶解稀释,以减少沾在烧杯壁上的 pH 标准液。存放 pH 标准物质的塑料袋或其他容器,除了应倒干净以外,还应用蒸馏水多次冲洗,然后将其倒入配制的 pH 标准溶液中,以保证配制的 pH 标准溶液准确无误。

3. 配制好的标准缓冲溶液一般可保存 2~3 个月,如发现有浑浊、发霉或沉淀等现象时,不能继续使用。碱性标准溶液应装在聚乙烯瓶中密闭保存。防止二氧化碳进入标准溶液后形成碳酸,降低其 pH 值。

4. 在校准前应特别注意待测溶液的温度,以便正确选择标准缓冲液,并调节电极面板上的温度补偿旋钮,使其与待测溶液的温度一致。不同的温度下,标准缓冲溶液的 pH 值是一样的。校准工作结束后,对使用频繁的 pH 计一般在 48 小时内仪器不需再次定标。

5. 如遇到下列情况之一,仪器则需要重新标定:①溶液温度与定标温度有较大的差异时;②电极在空气中暴露过久,如半小时以上时;③定位或斜率调节器被误动;④测量过酸(pH < 2)或过碱(pH > 12)的溶液后;⑤换过电极后;⑥当所测溶液的 pH 值不在两点定标时所选溶液的中间,且距 pH7 又较远时。

表 5 pH 标准缓冲溶液

名　称	配　制	不同温度时的 pH 值					
邻苯二甲酸氢钾标准缓冲溶液	$c(C_6H_4CO_2HCO_2K)$ 为 $0.05mol \cdot L^{-1}$,称取于 (115.0 ± 5.0)℃ 干燥 2 ~ 3h 的邻苯二甲酸氢钾 $(KHC_8H_4O_4)$ 10.21g,溶于无 CO_2 的蒸馏水,并稀释至 1000mL(可用于酸度计校准)	15℃	20℃	25℃	30℃	35℃	40℃
		4.00	4.00	4.01	4.01	4.02	4.04
磷酸盐标准缓冲溶液	分别称取在 (115.0 ± 5.0)℃ 干燥 2 ~ 3h 的磷酸氢二钠 (Na_2HPO_4) (3.53 ± 0.01)g 和磷酸二氢钾 (KH_2PO_4) (3.39 ± 0.01)g,溶于预先煮沸过 15 ~ 30min 并迅速冷却的蒸馏水中,并稀释至 1000mL(可用于酸度计校准)	15℃	20℃	25℃	30℃	35℃	40℃
		6.90	6.88	6.86	6.85	6.84	6.84
硼酸盐标准缓冲溶液	称取硼砂 $(Na_2B_4O_7 \cdot 10H_2O)$ (3.80 ± 0.01)g (注意:不能烘!)溶于预先煮沸过 15 ~ 30min 并迅速冷却的蒸馏水中,并稀释至 1000mL。置聚乙烯塑料瓶中密闭保存,以防 CO_2 的进入。(可用于酸度计校准)	15℃	20℃	25℃	30℃	35℃	40℃
		9.27	9.22	9.18	9.14	9.10	9.06

注:为保证 pH 值的准确度,上述标准缓冲溶液必须使用 pH 基准试剂配制。

误差及有效数字的概念

一、测量中的误差

（一）准确度和误差

1. 准确度

指实验值（测定值）与真实值之间相符合的程度。准确度的高低常以误差的大小来衡量，即，误差越小，表示实验值与真实值越接近，准确度越高；反之，误差越大，准确度越低。

2. 误差

误差有两种表示方法——绝对误差和相对误差：绝对误差指测定值与真实值之差；相对误差指绝对误差与真实值之比。即

$$绝对误差 = 测定值 - 真实值$$
$$相对误差 = 绝对误差/真实值$$

由于测定值可能大于真实值，也可能小于真实值，所以绝对误差和相对误差都可能有正有负。

（二）精密度和偏差

精密度是表示多次重复测量某一量时，所得到的测量值彼此之间相符合的程度。偏差一般是指测定值与平均值之差，精密度的大小用偏差来表示，偏差越小说明精密度越高。

精密度可用偏差、平均偏差、相对平均偏差、标准偏差与相对标准偏差表示。如果测定次数较少，在一般的化学实验中，可以用平均偏差或相对平均偏差表示。若测定次数较多，或要进行其他的统计处理，可以用标准偏差或变异系数表示。

1. 绝对偏差与相对偏差

$$绝对偏差 \quad d = X_i - \overline{X}$$
$$相对偏差 \quad d\% = (d/\overline{X}) \times 100\%$$

式中：X_i——某次测定的测定值

$\overline{X}$——n 次测定的平均值

2. 平均偏差与相对平均偏差

$$平均偏差 \quad \overline{d} = (\sum_{i=1}^{n} |X_i - \overline{X}|)/n$$

$$相对平均偏差 \quad \overline{d\%} = (\overline{d}/\overline{X}) \times 100\%$$

式中,n 为测定次数。

3. 标准偏差(标准差)与相对标准偏差(变异系数)

$$标准差 \quad S = \sqrt{\sum_{i=1}^{n}(X_i - \overline{X})^2/(n-1)}$$
$$i = 1$$

$$相对标准差 \quad RSD = (S/\overline{X}) \times 100\%$$

(三)误差产生的原因

根据误差产生的原因及性质,误差可以分为系统误差、偶然误差以及过失误差三类。

1. 系统误差

系统误差又称为可定误差,是由于某些可确定性原因所造成的,使测定结果系统偏高或偏低,重复测量时又会再现。这种误差的大小、正负往往可以测定出来,若设法找出原因就可以采取办法消除或校正。系统误差的主要原因有:

(1)计量或测定方法不够完善。

(2)仪器有缺陷或者没有调整到最佳状态。

(3)实验所用的试剂或纯水不符合要求。

(4)操作者自身的主观因素。

系统误差具有明显的规律。可以采用标准加入法,即在被测试样中加入已知量的被测组分,与被测试样同时进行测定,然后根据所加入组分的回收率高低来判断是否存在系统误差。

$$回收率(\%) = \frac{测定所得加入组分的质量(g)}{加入组分的质量(g)} \times 100\%$$

若计量或测定精度要求较高,应事先对所使用的仪器进行校正。由于试剂、纯水或所用的器皿引入被测组分或杂质产生的系统误差,可以通过空白试验来校正,即用纯水代替被测试样,按照同样的测定方法和步骤进行测定,所得到的结果为空白值,然后将试样的测定结果扣除空白值。当然空白值不能太大,若太大,应进一步找出原因,必要时应提纯试剂,或对纯水进一步处理,或更换器皿。

2. 偶然误差

偶然误差又称不定误差或称随机误差,造成偶然误差的原因有计量或测定过程中温度、湿度、电压、灰尘等外界因素微小的随机波动,计量读数时的不确定性以及操作上的微小的差异。偶然误差与系统误差不同,即使条件不改变,它的大小及正负在同一实验中都不是恒定的,很难找出产生的确切原因,也不能完全避免。误差的数值有时大些,有时小些,而且有时是正误差,有时是负误差。因此,可以通过适当增加测定次数取其平均值的办法来减小偶然误差。

3. 过失误差

这种误差是由于操作不正确,粗心大意而造成的。例如加错试剂、看错刻度、溶液溅失等,皆可引起较大的误差。有较大误差的数值在找出原因后应弃去不用,绝不允许把过失误差当作偶然误差。

过失误差,通过加强责任心,严格按操作规程认真操作可以避免。初学者应规范操作训练,多做多练,才能做到熟能生巧,消除过失误差。

二、有效数字及其有关规则

在化学实验中,经常要根据实验测得的数据进行化学计算,为了取得准确的结果,不仅要准确进行测量,而且还要正确记录与计算。正确记录是指正确记录数字的位数,因为数据的位数不仅表示数字的大小,也反映测量的准确程度。

所谓有效数字就是指能测到的数字,应当根据分析方法和仪器准确度来决定保留有效数字的位数,在有效数字中的最后一位是可疑的。例如,用一支 50mL 滴定管进行滴定操作,滴定管最小刻度 0.1mL,所得滴定体积为 28.78mL。这个数据中,前三位都是准确可靠的,只有最后一位数因为没有刻度,是估读出来的,属于可疑数字,因而这个数据为四位有效数字。它不仅表示了具体的滴定体积,而且还表示了计量的精确度为 ±0.01mL。若滴定体积正好是 28.70mL,这时应注意,最后一位"0"应写上,不能省略,否则 28.7mL 表示计量的精确度只有 ±0.1mL,显然这样记录数据无形中就降低了测量精度。

从上面例子可以看到,实验数据的有效数字与仪器的精确程度有关。同时还可以看到,有效数字中的最后一位数字已经不是十分准确的。因此,记录实验数据时应注意有效数字的位数要与计量的精度相对应。

除此之外,还应注意"0"的作用,"0"在有效数字中有两种意义:一种是作为数字定位,另一种是有效数字。例如下列各数的有效数字的位数:

试样重量	1.8064g	五位有效数字
滴定剂体积	25.50mL	四位有效数字
标准溶液浓度	0.0100mol	三位有效数字

"0"在以上数据中,起的作用是不同的,它可以是有效数字,也可以不是有效数字,只起定位作用。例如在 1.8064、25.50 中,"0"都是有效数字,而在 0.0100 中,前面两个"0"只起定位作用,后面二个"0"都是有效数字。

在数据处理过程中应注意以下方面:

(1)若测定结果是由几个测定值相加或相减所得,保留有效数字的位数取决于小数点后位数最少的一个;若测定结果是由几个测量值相乘除所得,则保留有效数字的位数取决于有效数字位数最少的一个。

(2)将多余的数字舍去,所采用的规则一般是"四舍六入五成双"。即当尾数≤4 时舍去,尾数≥6 时进位。当尾数恰为 5 时,则应视保留的末位数是奇数还是偶数,5 前为偶数应将 5 舍去,5 前为奇数则将 5 进位。例如:2.1655、2.1645 修约成四位时应为 2.166、2.164。

实验报告的书写方法

一、实验结果的表达

（一）列表法

对于实验得到的大量数据,应尽可能拟定富有表现力的表格,使其整齐有规律地表达出来,以便于运算与处理,也可减少差错。列表时应注意以下几点:

(1)每一表格应有简明的名称及单位。

(2)表格的每一行(列)应详细写明物理量名称及单位。以横向和纵向分别表示自变量和因变量。

(3)每一行(列)的数据,有效数字的位数要一致,且符合测量的准确度,并将小数点对齐。

(4)表中数据应化为最简形式,不可用指数或 $n \times 10^m$、对数 lg5 等形式表示,对于小数位数多或用 $n \times 10^m$ 表示的,可将行(列)名写为物理量 $\times 10^{-m}$,表格中只写 n 的数值,即把指数放入行(列)名中,并包括正负符号。如 HAc 的 $K_a^\ominus = 1.75 \times 10^{-5}$,行名写为 $K_a^\ominus \times 10^{-5}$ mol·L^{-1},表格中只写 1.75 即可。

(5)原始数据和处理结果可以并列在同一表格中,但应把数据处理的方法、运算公式等在表下注明或举例说明。

(6)当自变量选择有一定灵活性时,通常选择较简单变量为自变量如温度、时间、浓度等。自变量最好是均匀地增加,否则,可先用测定数据作图,由图上读出等间隔增加的一套自变量新数据列表。

列表法简单,但不能表示出各数值间连续变化的规律及取得实验值范围内任意自变量和因变量的对应值。故实验数据也常用作图法表示。有时二者也并列于实验报告中。

（二）作图法

作图法不仅能直接显示变量间的连续变化关系,从图上易于找出所需数据,而且可以用来求实验的内插值、外推值、极值点、拐点及直线的斜率、截距、曲线某点的切线斜率,求解经验方程式及直线方程常数等,应用很广,应认真掌握。为使所作图形准确,一般的步骤及规则如下:

1. 坐标纸和比例尺的选择

最常用的坐标纸为直角坐标纸,有时也用到对数坐标纸、半对数坐标纸和三角坐标纸等。图纸大小一般不小于 $10cm \times 10cm$;作图时以横坐标表示自变量,纵坐标表示因变量;纵横坐标不一定从"0"开始(求截距除外),应视实验数值范围而定。比例尺的选择非常重要,需遵守以下规则:

(1)坐标纸刻度要能表示出全部有效数字,使从图中得到的数值的准确度与测量值的准确度相当。

(2)所选定的坐标标度应便于从图上读出或计算出任一点的坐标值,通常使用单位坐标格所代表的变量值为1、2、5或其倍数,而不用3、7、9或其倍数。

(3)充分利用坐标纸的全部面积,使全图分布均匀合理。

(4)若作直线求斜率,则比例尺的选择应使直线倾角接近45°,使斜率测求误差最小。

(5)若作曲线求特殊点,则比例尺的选择应使特殊点表现明显。

2. 画坐标轴

选定比例尺后,画上坐标轴,在轴旁标出所代表变量的名称及单位,在纵坐标轴的左侧及横纵标轴的下边,每隔一定距离标出该处变量应有的值,以便于作图及读数,但不可将实验结果写在轴旁或代表点旁。读数时,横坐标自左向右,纵坐标自下而上。

3. 作代表点

将相当于测量数值的各点绘于图上,在点的周围以圆点、圆圈、三角、方块、十字叉等不同符号在图上标出,点的大小,可以粗略地表明测量误差范围。同一组(条件下)数据用同一种符号。在一张图上有几种不同测量值时,其代表点应用不同符号加以区分,并在图下面加以说明。

4. 作曲线

作出各点后,用直尺或曲线尺作出尽可能接近于实验点的直线或曲线,线条应平滑均匀,细而清晰。画线不必通过所有的点,但各点应在线的两旁均匀分布,点线间的距离表示测量误差。

5. 作切线

最常用的方法是镜像法,即若要在曲线某点作切线,先取一平面镜(底部要齐整)垂直放于图纸上,使镜面与曲线的交线通过该点,并以该点为轴,旋转镜面,当镜外曲线和镜中曲线的像成为一条光滑的曲线(注意不要形成折线)时,沿镜面作一直线即为曲线在该点的法线,再将此镜面与另半段曲线同上法找出该点的法线,若两法线不重合则可取二法线的中线作为该点的法线。然后再通过该点作法线的垂线即为该点的切线。

6. 写图名

曲线作好后,应在图的正下方(也有写在图的右侧)写明图序号、图的名称及作图所依据的条件。纵横坐标所代表的物理量比例尺及单位在坐标轴旁(纵左横下)予以标明。

二、实验报告的书写及格式

正确书写实验报告是实验教学的主要内容之一,也是基本技能训练的需要。因此,完成实验报告的过程,不仅仅是学习能力、书写能力、灵活运用知识能力的培养过程,而且也是培养基础科研能力的过程。因此,必须严肃认真、准确完整地如实填写。

(一)实验报告的要求

一份完整的实验报告应包括以下 6 个部分:

(1)实验目的:简述实验的目的要求。

(2)实验原理:简明扼要地说明实验有关的基本原理、性质、主要反应式及定量测定的方法原理。

(3)实验内容:对于实验现象记录与数据记录,按照实验指导书的要求,要尽量采用表格、框图、符号等形式表示,如 5 滴简写为"5d",加试剂用"＋",加热用"△",黄色沉淀用"↓黄"、棕红色气体放出用"↑棕红"表示,试剂名称和浓度则分别用化学符号表示之。数据要完整真实,记录要清晰准确,内容要具体翔实。

(4)解释、计算与结论:对实验记录要作出简要的解释或者说明,要求做到科学严谨、简洁明确,写出主要化学反应、离子反应方程式;数据计算结果可列入表格中,但计算公式、过程等要在表下举例说明;最后可按需要分标题小结或得出结果或结论。

(5)问题与讨论:主要针对实验中遇到的较难问题提出自己的见解或体会;定量实验则应分析出现误差的原因,对实验的方法、内容等提出改进意见。

(6)思考题:根据需要完成实验思考题。

(二)实验报告的基本格式

实验报告的具体格式因实验类型而异,但大体应遵循一定的格式,常见的可分为物质性质实验报告、定量测定实验报告、物质制备实验报告三种类型,具体格式示例如下,仅供参考,但不希望千篇一律地机械模仿。我们鼓励同学们发挥创造能力,结合实验内容写出具有自己风格的实验报告。

1. 性质实验报告

实验序号、名称(如:实验五 氧化还原反应与电极电势)

一、实验目的(略)

二、实验原理(略)

三、实验内容

实验项目序号、实验项目名称

1. 电极电势和氧化还原反应

实 验 步 骤	实 验 现 象	解释及反应方程式	结　　论
(1) $FeCl_3 + KI$	CCl_4 层显紫红色	$2Fe^{3+} + 2I^- = 2Fe^{2+} + I_2$	电极电势相对高低： $E^{\ominus}(Br_2/Br^-) >$ $E^{\ominus}(Fe^{3+}/Fe^{2+}) > E^{\ominus}$ (I_2/I^-) 最强的氧化剂是 Br_2 最强的还原剂是 I^- 溶液显微红色是因空气中的氧将少量的 Fe^{2+} 氧化成 Fe^{3+}，Fe^{3+} 与 SCN^- 反应所致
(2) $FeCl_3 + KBr$	CCl_4 层无变化	$Fe^{3+} + Br^-$　　不反应	
(3) $FeSO_4 + Br_2 + NH_4SCN$	溶液显血红色	$2Fe^{2+} + Br_2 = 2Fe^{3+} + 2Br^-$ $Fe^{3+} + 6SCN^- = [Fe(SCN)_6]^{3-}$	
(4) $FeSO_4 + I_2 + NH_4SCN$	溶液显微红色	$Fe^{2+} + I_2$　　不反应	

2. 略

四、讨论(略)

五、思考题(略)

2. 定量测定实验报告

实验序号、名称(如:实验四　醋酸电离度和电离平衡常数的测定)

一、实验目的(略)

二、实验方法原理(略)

三、实验内容

1. 配制不同浓度的 HAc 溶液

在三个 25mL 的容量瓶中,分别用吸量管准确移取 12.50、5.00、2.50mL 的 0.1mol·L^{-1} 的 HAc 溶液,加蒸馏水至刻度,摇匀备用。

2. 测定 HAc 的 pH 值

取四个干燥洁净的小烧杯,将配制的不同浓度的 HAc 溶液转入其中,另一个烧杯取 0.1mol·L^{-1}HAc 溶液,用酸度计测定各溶液的 pH 值,将测得的数据填入下表中。

四、数据记录、处理与结果(可用数据列表、作图等方式)

编　　号	c	pH	$c_{eq}(H^+)/c^{\ominus}$	$\alpha/\%$	$K_a^{\ominus}$
1					
2					
3					
4					

实验平均值:$K_a^{\ominus}$　　相对误差 $= \dfrac{K_a^{\ominus} - K_{a理}^{\ominus}}{K_{a理}^{\ominus}} \times 100\%$

五、误差与讨论(略)

六、思考题(略)

3. 合成制备实验报告

实验序号、名称(如:实验六　药用氯化钠的制备)

一、实验目的(略)

二、实验原理

粗食盐中含有有机物、一些不溶性杂质（如碳化物、泥沙等）和可溶性杂质（如 SO_4^{2-}、Ca^{2+}、Mg^{2+}、Fe^{3+}、K^+、Br^-、I^- 等离子）。通过爆炒炭化及溶解、过滤的方法可除去有机物及不溶性杂质。可溶性杂质可通过化学方法除去，反应方程式如下：

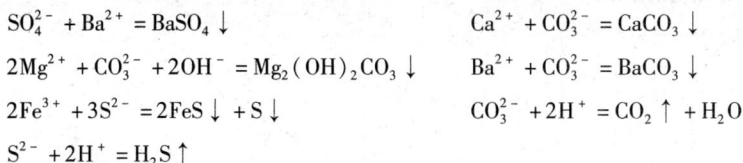

$$SO_4^{2-} + Ba^{2+} = BaSO_4 \downarrow \qquad\qquad Ca^{2+} + CO_3^{2-} = CaCO_3 \downarrow$$

$$2Mg^{2+} + CO_3^{2-} + 2OH^- = Mg_2(OH)_2CO_3 \downarrow \qquad Ba^{2+} + CO_3^{2-} = BaCO_3 \downarrow$$

$$2Fe^{3+} + 3S^{2-} = 2FeS \downarrow + S \downarrow \qquad\qquad CO_3^{2-} + 2H^+ = CO_2 \uparrow + H_2O$$

$$S^{2-} + 2H^+ = H_2S \uparrow$$

三、实验步骤

精制简易流程图

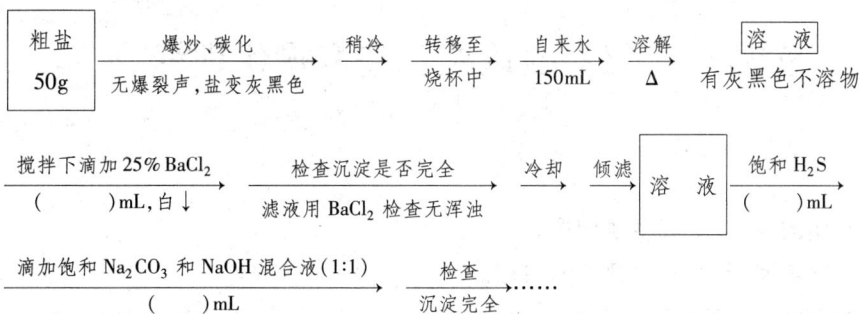

产物的颜色形态：

称重：NaCl 重 _____ g

产　　率：$= \dfrac{实际产量}{理论产量} \times 100\%$

四、讨论（略）

五、思考题（略）

实验内容

基 本 实 验

实验一　仪器的认领和基本操作训练

一、实验目的

1. 认领常用的仪器,了解主要用途。

2. 练习清洗仪器,养成清洗仪器的习惯。

3. 通过粗食盐的提纯,熟悉固体的取用、称量、量筒的使用、固体的加热溶解、常压过滤、减压过滤、蒸发、结晶等基本操作。

二、预习要点

1. 无机化学实验守则。

2. 无机化学实验常用仪器介绍。

3. 无机化学实验技能及操作规范。

三、仪器、试剂及其他

1. 仪器

台秤及砝码,量筒,滴管,玻璃棒,药匙,烧杯,研钵和杵,洗瓶,酒精灯(或煤气灯),三角架,石棉网,玻璃漏斗,铁架,铁圈,蒸发皿,表面皿,布氏漏斗,抽滤瓶,铁夹,移液管,洗耳球,容量瓶,滴定管,锥形瓶,水浴锅,试管,试管夹,试管架,离心试管,试管刷,坩埚,泥三角,点滴板(黑、白)。

2. 试剂

粗食盐,洗液,酒精。

3. 其他

滤纸,火柴,蒸馏水。

四、实验内容

(一)认领无机化学常用仪器

认领无机化学常用仪器,了解主要用途,并且清点,检查有无破损。

(二)清洗仪器

1. 对试管、烧杯、量筒等普通玻璃仪器,可在容器内先注入 1/3 左右的自来水,选用大小合适的刷子蘸取去污粉刷洗,如果用水冲洗后,仪器内壁能均匀地被水润湿而不沾附水珠,证实洗涤干净。如果有水珠沾附容器内壁,说明仍有油脂或其他垢迹污染,应重新洗涤以去除油污。必要时再用蒸馏水冲洗 2~3 次。

2. 在进行精确定量实验时,一些容量仪器的洗净程度要求较高,而且这些仪器形状又特殊,不宜用刷子刷洗,因此常先用洗液浸泡,再用自来水冲洗干净,最后用蒸馏水冲洗 2~3 次。

把洗净的仪器倒置片刻,整齐地放在实验柜内,柜内铺上白纸,洗净的烧杯、蒸发皿、漏斗等倒置在纸上,试管、离心试管、小量筒等倒置在试管架上晾干。

(三)粗食盐的提纯

在粗天平的左右托盘放两张大小相同的纸,然后用药匙取 5g 左右的粗食盐,放在左盘上,砝码放在右盘上,加减砝码至两边平衡,指针在刻度尺中间不动。盘上砝码的质量即为称量食盐的质量。将已称取的粗食盐放在研钵中磨成细匀的粉末,倾入烧杯中,用量筒量取 20mL 蒸馏水,用玻璃棒搅拌,为了加速溶解常用加热的办法。一般在三角架上面放石棉网,然后将烧杯置于石棉网上,在网下用酒精灯加热,边搅拌边加热,直至沸腾为止。移去酒精灯,加盖表面皿,静置澄清。对澄清过的食盐溶液和不溶物进行过滤,将不溶物用少量蒸馏水洗涤 2~3 次弃去,留滤液备用。将滤液倾入干燥洁净的蒸发皿内,滤液不能超过蒸发皿容积的 2/3,以免溶液沸腾时向外飞溅。将此蒸发皿移置于三角架上,下面用酒精灯加热,当浓缩到蒸发皿底部出现结晶时,立即用玻璃棒搅拌,当快要蒸干时,应用干燥清洁的玻璃漏斗盖住,并撤去酒精灯,直至水分继续蒸干为止(为了使晶体更纯,需用重结晶法,即加少量蒸馏水溶解晶体,然后再蒸发进行结晶、分离)。用减压过滤法,得到纯净干燥的食盐晶体[减压过滤所用仪器是吸滤瓶和布氏漏斗,把食盐晶体与浓缩液转移至布氏漏斗中,进行抽滤。过滤完毕,应先把连接吸滤瓶的橡皮管拔下,然后关闭水龙头(或停真空泵),以防倒吸]。然后用药匙取出晶体,在粗天平上(精确到 0.1g)称重,计算产率。

五、实验注意事项

1. 洗液有强腐蚀性,使用时要小心,最初的洗涤废液因有酸,应倒入废液缸,不要倒进水槽。

2.使用酒精灯时应注意以下几点:

(1)装酒精必须在熄灯时用漏斗倒入,而且酒精量不超过灯身容积的2/3。

(2)点燃酒精灯时,必须用火柴,不许用酒精灯点燃酒精灯,以免发生火灾或其他事故。

(3)不用时或用完后,要随时盖上灯罩,以免酒精蒸发。具体操作是盖熄后再打开片刻,然后盖上。熄灯时,千万不要用嘴吹。

(4)调节火焰,应先熄灯,用镊子夹住灯芯进行调节,灯芯不能塞得太紧(为什么)。发现灯口破裂酒精灯即不能使用,以免发生火灾、爆炸。

3.在浓缩结晶时,不能把母液蒸干(为什么)。蒸发溶液一般应在水浴锅上进行。

4.减压过滤完毕后应先把连接吸滤瓶的橡皮管拔下,然后关闭水龙头或停真空泵,以防倒吸。

六、思考题

1.洗液如何配制?怎样洗涤玻璃量器?使用洗液要注意什么?

2.在减压过滤装置中,安全瓶的作用是什么?

实验二　电解质溶液

一、实验目的

1.了解强弱电解质电离的差别及同离子效应。

2.了解缓冲溶液的配制及其性质。

3.了解盐类的水解反应及抑制水解的方法。

4.了解难溶电解质的沉淀溶解平衡及溶度积原理的应用。

5.学习离心分离和pH试纸的使用等基本操作。

二、实验原理

1.弱电解质的电离平衡及同离子效应

若 AB 为弱酸或弱碱,则在水溶液中存在下列平衡:

$$AB \Longrightarrow A^+ + B^-$$

达到平衡时,各物质浓度关系满足 $K^{\ominus} = c_{eq}(A^+) \cdot c_{eq}(B^-)/c_{eq}(AB)$,$K^{\ominus}$ 为电离平衡常数。

在此平衡体系中,如加入含有相同离子的强电解质,即增加 A^+ 或 B^- 离子的浓度,则平衡向生成 AB 分子的方向移动,使弱电解质的电离度降低,这种效应叫做同离子效应。

2.缓冲溶液

弱酸及其盐(例如 HAc 和 NaAc)或者弱碱及其盐(例如 $NH_3 \cdot H_2O$ 和 NH_4Cl)的混合

溶液,能在一定程度上对外来的酸或碱起缓冲作用,即当另外加少量酸、碱或稀释时,此混合溶液的 pH 值变化不大,这种溶液叫做缓冲溶液。

3. 盐类的水解反应

盐类的水解反应是由组成盐的离子和水电离出来的 H^+ 或 OH^- 离子作用,生成弱酸或弱碱的反应过程。水解反应往往使溶液显酸性或碱性。例如:

(1)弱酸强碱所生成的盐(如 NaAc)水解使溶液显碱性。

(2)强酸弱碱所生成的盐(如 NH_4Cl)水解使溶液显酸性。

(3)对于弱酸弱碱所生成的盐的水解,则视生成的弱酸与弱碱的相对强弱而定。例如 NH_4Ac 溶液几乎为中性。而 $(NH_4)_2S$ 溶液呈碱性。通常水解后生成的酸或碱越弱,则盐的水解度越大。水解是吸热反应,加热能促进水解作用。通常浓度及溶液 pH 的变化也会影响水解。

4. 沉淀平衡、溶度积规则

(1)溶度积

在难溶电解质的饱和溶液中,未溶解的固体及溶解的离子间存在着多相平衡,即沉淀平衡。如

$$PbI_2(s) \Longrightarrow Pb^{2+} + 2I^-$$

$K_{sp}^{\ominus}(PbI_2) = c_{eq}(Pb^{2+}) \cdot [c_{eq}(I^-)]^2$,$K_{sp}^{\ominus}$ 表示在难溶电解质的饱和溶液中难溶电解质的离子浓度(以其系数为指数)的乘积,叫做溶度积常数,简称溶度积。

根据溶度积规则,可以判断沉淀的生成和溶解,例如:

$c(Pb^{2+}) \cdot [c(I^-)]^2 > K_{sp}^{\ominus}(PbI_2)$,有沉淀的析出或溶液的过饱和;

$c(Pb^{2+}) \cdot [c(I^-)]^2 = K_{sp}^{\ominus}(PbI_2)$,溶液恰好饱和或称达到沉淀平衡;

$c(Pb^{2+}) \cdot [c(I^-)]^2 < K_{sp}^{\ominus}(PbI_2)$,无沉淀或沉淀溶解。

(2)分步沉淀

有两种或两种以上的离子都能与加入的某种试剂(沉淀剂)反应生成难溶电解质时,沉淀的先后顺序决定于所需沉淀剂离子浓度的大小。需要沉淀剂离子浓度较小的先沉淀,需要沉淀剂离子浓度较大的后沉淀。这种先后沉淀的现象叫做分步沉淀。例如,往含有 Cu^{2+} 和 Cd^{2+} 的混合液中(若 Cu^{2+}、Cd^{2+} 离子浓度相差不太大)加入少量沉淀剂 Na_2S,由于 $K_{sp}^{\ominus}(CuS) < K_{sp}^{\ominus}(CdS)$,$Cu^{2+}$ 与 S^{2-} 的离子浓度乘积将先达到 CuS 的溶度积 $K_{sp}^{\ominus}(CuS)$,黑色 CuS 先沉淀析出,继续加入 Na_2S,达到 $c(Cd^{2+}) \cdot c(S^{2-}) > K_{sp}^{\ominus}(CdS)$ 时,黄色 CdS 才沉淀析出。

(3)沉淀的转化

使一种难溶电解质转化为另一种难溶电解质,即把一种沉淀转化为另一种沉淀的过程,叫做沉淀的转化。一般来说,溶度积较大的难溶电解质容易转化为溶度积较小的难溶电解质。

三、仪器、试剂及其他

1. 仪器

试管,试管架,试管夹,离心试管,小烧杯(100mL 或 50mL),量筒(10mL),洗瓶,点滴板,玻璃棒,酒精灯(或水浴锅),离心机(公用)。

2. 试剂

酸:HAc($0.1mol \cdot L^{-1}$,$1mol \cdot L^{-1}$,$2mol \cdot L^{-1}$),HCl($0.1mol \cdot L^{-1}$,$2mol \cdot L^{-1}$,$6mol \cdot L^{-1}$)

碱:$2mol \cdot L^{-1} NH_3 \cdot H_2O$,$0.1mol \cdot L^{-1} NaOH$

盐:$0.1mol \cdot L^{-1} AgNO_3$,$Al_2(SO_4)_3$($0.1mol \cdot L^{-1}$,$1mol \cdot L^{-1}$),$0.1mol \cdot L^{-1} K_2CrO_4$,KI($0.001mol \cdot L^{-1}$,$0.1mol \cdot L^{-1}$),$0.1mol \cdot L^{-1} MgCl_2$,NaAc($0.5mol \cdot L^{-1}$,$1mol \cdot L^{-1}$,固体),NaCl($0.1mol \cdot L^{-1}$,$1mol \cdot L^{-1}$),$Na_2CO_3$($0.1mol \cdot L^{-1}$,$1mol \cdot L^{-1}$),$Pb(NO_3)_2$($0.001mol \cdot L^{-1}$,$0.1mol \cdot L^{-1}$),$NH_4Cl$(饱和,固体),$0.1mol \cdot L^{-1} Na_3PO_4$,$0.1mol \cdot L^{-1} Na_2HPO_4$,$0.1mol \cdot L^{-1} NaH_2PO_4$,$SbCl_3$(固体)。

3. 其他

锌粒,0.1%甲基橙,1%酚酞,pH 试纸。

四、实验内容

(一)强弱电解质溶液的比较

1. 在两支试管中分别加入少量 $0.1mol \cdot L^{-1}$ HCl 和 $0.1mol \cdot L^{-1}$ HAc,用 pH 试纸测定两溶液的 pH 值,并与计算值相比较。

2. 在两支试管中分别加入 1mL $0.1mol \cdot L^{-1}$ HCl 或 $0.1mol \cdot L^{-1}$ HAc 溶液,再分别加入一小颗锌粒(可用砂纸擦去表面的氧化层),并用酒精灯(或水浴)加热试管,观察哪只试管中产生氢气的反应比较剧烈。

由实验结果比较 HCl 和 HAc 的酸性有何不同? 为什么?

(二)同离子效应

1. 取两支试管,各加入 1mL 蒸馏水,2 滴 $2mol \cdot L^{-1} NH_3 \cdot H_2O$ 溶液,再滴入一滴酚酞溶液,混合均匀,观察溶液显什么颜色。在一支试管中加入一小勺 NH_4Cl 固体,摇荡使之溶解,观察溶液的颜色,并与另一支试管中的溶液比较。

根据以上实验指出同离子效应对电离度的影响。

2. 取两支小试管,各加入 5 滴 $0.1mol \cdot L^{-1} MgCl_2$ 溶液,其中一支试管中再加入 5 滴饱和 NH_4Cl 溶液,然后分别在两支试管中加入 5 滴 $2mol \cdot L^{-1} NH_3 \cdot H_2O$,观察两支试管中发生的现象有何不同? 写出有关反应式并说明原因。

(三)缓冲溶液的配制和性质

1. 在两支各盛 5mL 蒸馏水的试管中用 pH 试纸测定其 pH 值,再分别加入 5 滴

$0.1mol \cdot L^{-1}$ HCl 和 $0.1mol \cdot L^{-1}$ NaOH 溶液,测定它们的 pH 值。

2. 向一只小烧杯中加入 $1.0mol \cdot L^{-1}$ HAc 和 $1.0mol \cdot L^{-1}$ NaAc 溶液各 5mL(用量筒尽可能准确量取),用玻璃棒搅匀,配制成 HAc-NaAc 缓冲溶液。用 pH 试纸测定该溶液的 pH 值,并与计算值比较。

3. 取三支试管,各加入此缓冲溶液 3mL,然后分别加入 5 滴 $0.1mol \cdot L^{-1}$ HCl 溶液、$0.1mol \cdot L^{-1}$ NaOH 溶液、去离子水,用 pH 试纸分别测定溶液的 pH 值,并与原来缓冲溶液 pH 值比较。pH 值有否变化?

分析上述实验结果,对缓冲溶液的性质做出结论。

(四)盐类的水解和影响水解的因素

1. 盐的水解与溶液的酸碱性

(1)在三支试管中分别加入少量 $1mol \cdot L^{-1}$ Na_2CO_3、NaCl 及 $Al_2(SO_4)_3$ 溶液,用 pH 试纸试验它们的酸碱性。写出水解的离子方程式,并解释之。

(2)在三支试管中分别加入少量 $0.1mol \cdot L^{-1}$ Na_3PO_4、Na_2HPO_4、NaH_2PO_4 溶液,用 pH 试纸试验它们的酸碱性。酸式盐是否都呈酸性,为什么?

2. 影响盐类水解的因素

(1)温度对水解的影响:在两支试管中分别加入 1mL $0.5mol \cdot L^{-1}$ NaAc 溶液,并各加入 3 滴酚酞溶液,将其中一支试管用酒精灯(或水浴)加热,观察颜色的变化。冷却后颜色有何变化?为什么?

(2)酸度的影响:将少量 $SbCl_3$ 固体(不要多,取火柴头大小即可)加到盛有 1ml 蒸馏水的小试管中,有何现象产生?用 pH 试纸试验溶液的酸碱性。加 $6mol \cdot L^{-1}$ HCl 沉淀是否溶解?最后将所得溶液稀释,又有什么变化?解释上述现象,并写出有关反应方程式。

(3)相互水解:取两支试管,分别加入 3mL $0.1mol \cdot L^{-1}$ Na_2CO_3 及 2mL $0.1mol \cdot L^{-1}$ $Al_2(SO_4)_3$ 溶液,先用 pH 试纸分别测其 pH 值,然后混合。观察有何现象?写出反应的离子方程式。

(五)溶度积原理的应用

1. 沉淀的生成

(1)在一支试管中加入 1mL $0.1mol \cdot L^{-1}$ $Pb(NO_3)_2$ 溶液,再逐渐加入 1mL $0.1mol \cdot L^{-1}$ KI 溶液,观察沉淀的生成和颜色。

(2)在另一支试管中加入 1mL $0.001mol \cdot L^{-1}$ $Pb(NO_3)_2$ 溶液,再逐渐加入 1mL $0.001mol \cdot L^{-1}$ KI 溶液,观察有无沉淀生成?试以溶度积原理解释以上现象。

2. 分步沉淀

在离心试管中加入 3 滴 $0.1mol \cdot L^{-1}$ NaCl 溶液和 1 滴 $0.1mol \cdot L^{-1}$ K_2CrO_4 溶液,稀释至 1mL,摇匀后逐滴加入数滴(1~5 滴以内)$0.1mol \cdot L^{-1}$ $AgNO_3$ 溶液(边摇边加)。当滴入

$AgNO_3$后,振摇,砖红色沉淀转化为白色沉淀较慢时,离心沉淀,观察生成的沉淀的颜色(注意沉淀和溶液颜色的差别)。再往清液中滴加数滴 $0.1mol \cdot L^{-1} AgNO_3$ 溶液,会出现什么颜色的沉淀?试根据沉淀颜色的变化(并通过有关溶度积的计算),判断哪一种难溶电解质先沉淀。

3. 沉淀的溶解

在试管中加入 $2mL$ $0.1mol \cdot L^{-1} MgCl_2$ 溶液,并滴入数滴 $2mol \cdot L^{-1} NH_3 \cdot H_2O$ 溶液,观察沉淀的生成。再向此溶液中加入少量 NH_4Cl 固体,摇荡,观察原有沉淀是否溶解,用离子平衡移动的观点解释上述现象。

4. 沉淀的转化

在离心试管中加入 $0.1mol \cdot L^{-1} Pb(NO_3)_2$ 和 $1.0mol \cdot L^{-1} NaCl$ 溶液各 10 滴。离心分离,弃去上层清液,向沉淀中滴加 $0.1mol \cdot L^{-1} KI$ 溶液并搅拌,观察沉淀的颜色变化。说明原因并写出有关反应方程式。

五、实验注意事项

1. 用 pH 试纸试验溶液的性质时,方法是将一小片试纸放在干净的点滴板上,用洗净的玻璃棒蘸取待测溶液,滴在试纸上,观察其颜色的变化。注意:不要把试纸投入被测试液中测试。

2. 取用液体试剂时,严禁将滴瓶中的滴管伸入试管内,或用试验者的滴管到试剂瓶中吸取试剂,以免污染试剂。取用试剂后,必须把滴管放回原试剂瓶中,不可置于实验台上,以免弄混及交叉污染试剂。

3. 用试管盛液体加热时,液体量不能过多,一般以不超过试管体积的 1/3 为宜。试管夹应夹在距管口 1~2cm 处,然后斜持试管,从液体的上部开始加热,再过渡到试管下部,并不断地晃动试管,以免由于局部过热,液体喷出或受热不均使试管炸裂。加热时,应注意试管口不能朝向别人或自己。

4. 正确使用离心机,注意保持平衡,调整转速时不要过快。

5. 操作时注意试剂的用量,否则观察不到现象。

6. 使用酒精灯时应注意安全,参阅"酒精灯和煤气灯的使用"一节中有关内容。

7. 锌粒回收至回收烧杯。

六、预习要求及思考题

(一)预习要求

1. 复习电离平衡、同离子效应、缓冲原理及缓冲溶液的配制、盐类的水解及沉淀的生成和溶解等基本概念和原理。

2. 预习本书中"固体、液体试剂的取用""试管实验操作""试纸的使用""沉淀的分离与洗涤""离心机的使用"等内容,掌握操作要点。

（二）思考题

1.试解释为什么 Na_2HPO_4、NaH_2PO_4 均属酸式盐，但前者的溶液呈弱碱性，后者却呈弱酸性？

2.同离子效应对弱电解质的电离度和难溶电解质的溶解度各有什么影响？

3.为什么在缓冲溶液中加入少量强酸或强碱时，pH 值无明显变化？

4.使用离心机应注意些什么？

5.沉淀的溶解和转化的条件是什么？

实验三　醋酸电离度和电离平衡常数的测定

一、实验目的

1.测定醋酸溶液的电离度和电离平衡常数。

2.学习使用 pH 计。

3.掌握容量瓶、移液管、滴定管基本操作。

二、实验原理

醋酸是弱电解质，在溶液中存在下列平衡：

$$HAc \rightleftharpoons H^+ + Ac^-$$

$$K_a^\ominus = \frac{[c_{eq}(H^+)/c^\ominus] \cdot [c_{eq}(Ac^-)/c^\ominus]}{[c_{eq}HAc/c^\ominus]} = \frac{(c/c^\ominus) \cdot \alpha^2}{1-\alpha}$$

式中，$c_{eq}(H^+)$、$c_{eq}(Ac^-)$、$c_{eq}(HAc)$ 分别是 H^+、Ac^-、HAc 的平衡浓度；c 为醋酸的起始浓度，$K_a^\ominus$ 为醋酸的电离平衡常数。通过对已知浓度的醋酸的 pH 值的测定，按 $pH = -1gc_{eq}(H^+)/c^\ominus$ 换算成 $c_{eq}(H^+)$，根据电离度 $\alpha = \dfrac{c_{eq}(H^+)/c^\ominus}{c/c^\ominus}$，计算出电离度 α，再代入上式即可求得电离平衡常数 $K_a^\ominus$。

三、仪器、试剂

1.仪器

移液管（25mL），吸量管（5mL），容量瓶（50mL），烧杯（50mL），锥形瓶（250mL），碱式滴定管，铁架，滴定管夹，吸气橡皮球，Delta320-S pH 计。

2.试剂

HAc（约 $0.1mol \cdot L^{-1}$），标准缓冲溶液（pH = 6.86，pH = 4.01），酚酞指示剂，标准 NaOH 溶液（约 $0.1mol \cdot L^{-1}$）。

四、实验内容

1. 醋酸溶液浓度的标定

用移液管吸取 25mL 约 0.1mol·L⁻¹ HAc 溶液三份,分别置于三个 250mL 锥形瓶中,各加 2~3 滴酚酞指示剂。分别用标准氢氧化钠溶液滴定至溶液呈现微红色,半分钟不褪色为止,记下所用氢氧化钠溶液的体积。从而求得 HAc 溶液的精确浓度(四位有效数字)。

2. 配制不同浓度的醋酸溶液

用移液管和吸量管分别取 25mL、5mL、2.5mL 已标定过浓度的 HAc 溶液于三个 50mL 容量瓶中,用蒸馏水稀释至刻度,摇匀,并求出各份稀释后的醋酸溶液精确浓度($\frac{c}{2}$,$\frac{c}{10}$,$\frac{c}{20}$)的值(四位有效数字)。

3. 测定醋酸溶液的 pH 值

用四个干燥的 50mL 烧杯分别取 30~40mL 上述三种浓度的醋酸溶液及未经稀释的 HAc 溶液,由稀到浓分别用 pH 计测定它们的 pH 值(三位有效数字),并记录室温。

4. 计算电离度与电离平衡常数

根据四种醋酸溶液的浓度和 pH 值计算电离度与电离平衡常数。

五、数据记录和结果

1. 醋酸溶液浓度的标定

滴 定 序 号		1	2	3
标准 NaOH 溶液浓度/mol·L⁻¹				
所取 HAc 溶液的量/mL				
标准 NaOH 溶液的用量/mL				
实验测定 HAc	测定值			
溶液精确浓度/mol·L⁻¹	平均值			

2. 醋酸溶液的 pH 值测定及 $K_a^\ominus$、α 的计算　　　　t = ___℃

HAc 溶液编号	c_{HAc}/mol·L⁻¹	pH	$c_{eq}(H^+)$/mol·L⁻¹	α/%	$K_a^\ominus$
1 ($c/20$)					
2 ($c/10$)					
3 ($c/2$)					
4 (c)					

六、预习要求及思考题

（一）预习要求

1. 认真预习电离平衡常数与电离度的计算方法，以及影响弱酸电离平衡常数与电离度的因素。

2. pH 计的型号不同使用方法也略有区别，使用前应认真预习，熟悉实验所用型号的 pH 计的使用方法。

（二）思考题

1. 标定醋酸浓度时，可否用甲基橙作指示剂？为什么？

2. 当醋酸溶液浓度变小时，$c_{eq}(H^+)$、α 如何变化？$K_a^\ominus$ 值是否随醋酸溶液浓度变化而变化？

3. 如果改变所测溶液的温度，电离度和电离常数有无变化？

实验四　氧化还原反应与电极电势

一、实验目的

1. 掌握电极电势对氧化还原反应的影响。
2. 定性观察浓度、酸度对电极电势的影响。
3. 定性观察浓度、酸度、温度、催化剂对氧化还原反应的方向、产物、速度的影响。
4. 通过实验了解原电池的装置。

二、实验原理

氧化剂和还原剂的氧化、还原能力强弱，可根据它们的电极电势的相对大小来衡量，电极电势的值越大，则氧化型的氧化能力越强，其氧化型物质是较强氧化剂。电极电势的值越小，则还原型的还原能力越强，其还原型物质为较强还原剂。只有较强的氧化剂才能和较强还原剂反应。即：$E(氧化剂) - E(还原剂) > 0$ 时，氧化还原反应可以正方向进行。故根据电极电势可以判断氧化还原反应的方向。

利用氧化还原反应而产生电流的装置，称原电池。原电池的电动势等于两个电极电势之差：

$$E_{MF} = E_{(+)} - E_{(-)}$$

根据能斯特方程：
$$E_i = E_i^\ominus + \frac{RT}{nF}\ln\frac{c(氧化型)}{c(还原型)}$$

式中 $c(氧化型)/c(还原型)$ 表示氧化型一边各物质浓度幂次方的乘积与还原型一边各物质浓度幂次方乘积之比。所以当氧化型或还原型的浓度、酸度改变时，则电极电势 E

值必定发生改变,从而引起电动势 E_{MF} 也将发生改变。准确测定电动势是用对消法在电位计上进行的。本实验只是为了定性进行比较,所以采用伏特计。

浓度及酸度对电极电势的影响,可能导致氧化还原反应方向的改变,也可以影响氧化还原反应的产物。

三、仪器、试剂及其他

1. 仪器

试管、烧杯、伏特计、表面皿、U 形管。

2. 试剂

酸:$2mol \cdot L^{-1}$ HCl,浓 HNO_3,$1mol \cdot L^{-1}$ HNO_3,$3mol \cdot L^{-1}$ HAc,$1mol \cdot L^{-1}$ H_2SO_4,$3mol \cdot L^{-1}$ H_2SO_4,$0.1mol \cdot L^{-1}$ $H_2C_2O_4$。

碱:$6mol \cdot L^{-1}$ NaOH,40% NaOH,浓 $NH_3 \cdot H_2O$。

盐:$0.5mol \cdot L^{-1}$ $ZnSO_4$,$0.5mol \cdot L^{-1}$ $CuSO_4$,$0.1mol \cdot L^{-1}$ KI,$0.1mol \cdot L^{-1}$ $AgNO_3$,$0.1mol \cdot L^{-1}$ KBr,$0.1mol \cdot L^{-1}$ $FeCl_3$,$0.1mol \cdot L^{-1}$ $Fe_2(SO_4)_3$,$0.1mol \cdot L^{-1}$ $FeSO_4$,$0.5mol \cdot L^{-1}$ $FeSO_4$,$0.4mol \cdot L^{-1}$ $K_2Cr_2O_7$,$0.001mol \cdot L^{-1}$ $KMnO_4$,$0.1mol \cdot L^{-1}$ Na_2SO_3,$0.1mol \cdot L^{-1}$ Na_3AsO_3,$0.1mol \cdot L^{-1}$ $MnSO_4$,$0.1mol \cdot L^{-1}$ NH_4SCN,固体 NH_4F,固体 $(NH_4)_2S_2O_8$。

$0.01mol \cdot L^{-1}$ I_2 水,Br_2 水,CCl_4,饱和 KCl。

3. 其他

锌粒,琼脂,电极(锌片、铜片、铁片、碳棒),水浴锅,导线,鳄鱼夹,砂纸,红色石蕊试纸。

四、实验内容

(一)电极电势和氧化还原反应

1. 在试管中加入 0.5mL $0.1mol \cdot L^{-1}$ 的 KI 溶液和 2 滴 $0.1mol \cdot L^{-1}$ 的 $FeCl_3$ 溶液,混匀后加入 0.1mL CCl_4,充分振荡,观察 CCl_4 层颜色有何变化?

2. 用 $0.1mol \cdot L^{-1}$ 的 KBr 溶液代替 KI 进行同样实验,观察 CCl_4 层是否有 Br_2 的橙红色?

3. 分别用 Br_2 水和 I_2 水同 $0.1mol \cdot L^{-1}$ 的 $FeSO_4$ 溶液作用,有何现象?再加入 1 滴 $0.1mol \cdot L^{-1}$ NH_4SCN 溶液,又有何现象?

根据以上实验事实,定性比较 Br_2/Br^-、I_2/I^-、Fe^{3+}/Fe^{2+} 三个电对的电极电势相对高低,指出哪个是最强的氧化剂,哪个是最强的还原剂,并说明电极电势和氧化还原反应的关系。

(二)浓度和酸度对电极电势的影响

1. 浓度影响

(1)在两只 50mL 烧杯中,分别加入 30mL $0.5mol \cdot L^{-1}$ $ZnSO_4$ 和 30mL $0.5mol \cdot L^{-1}$ $CuSO_4$

溶液。在 $ZnSO_4$ 溶液中插入 Zn 片,在 $CuSO_4$ 溶液中插入 Cu 片,用导线将 Zn 片和 Cu 片分别与伏特计的负极和正极相连,用盐桥连通两个烧杯溶液,测量两电极间电压(图34)。

(2)取出盐桥,在 $CuSO_4$ 溶液中滴加浓 $NH_3 \cdot H_2O$ 并不断搅拌,至生成的沉淀溶解而形成深蓝色溶液,放入盐桥,观察伏特计有何变化。利用能斯特方程解释实验现象。

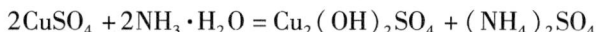

图34 原电池

$$2CuSO_4 + 2NH_3 \cdot H_2O = Cu_2(OH)_2SO_4 + (NH_4)_2SO_4$$
$$Cu_2(OH)_2SO_4 + 8NH_3 = 2[Cu(NH_3)_4]^{2+} + SO_4^{2-} + 2OH^-$$

(3)再取出盐桥,在 $ZnSO_4$ 溶液中加浓 $NH_3 \cdot H_2O$ 并不断搅拌至生成的沉淀完全溶解后,放入盐桥,观察伏特计有何变化。利用能斯特方程解释实验现象。

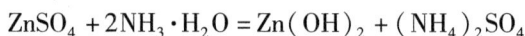

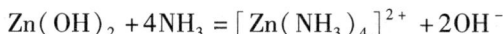

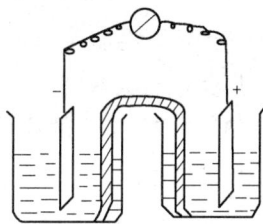

$$ZnSO_4 + 2NH_3 \cdot H_2O = Zn(OH)_2 + (NH_4)_2SO_4$$
$$Zn(OH)_2 + 4NH_3 = [Zn(NH_3)_4]^{2+} + 2OH^-$$

2. 酸度影响

(1)取两只 50mL 烧杯,在一只烧杯中注入 30mL $0.5mol \cdot L^{-1}$ $FeSO_4$ 溶液,插入铁片,另一只烧杯中注入 30mL $0.4mol \cdot L^{-1}$ 的 $K_2Cr_2O_7$ 溶液,插入碳棒。将铁片和碳棒通过导线分别与伏特计负极、正极相连,两烧杯溶液用另一个盐桥连通,测量两电极间的电压。

(2)往盛有 $K_2Cr_2O_7$ 的溶液中,慢慢加入 $1mol \cdot L^{-1}$ H_2SO_4 溶液,观察电压有何变化?再往 $K_2Cr_2O_7$ 溶液中逐滴加入 $6mol \cdot L^{-1}$ NaOH 溶液,观察电压又有什么变化?

(三)浓度和酸度对氧化还原产物的影响

(1)取两个试管,各盛一锌粒,分别注入 2mL 浓 HNO_3 和 $1mol \cdot L^{-1}HNO_3$,观察所发生现象。写出有关反应式。浓 HNO_3 被还原后主要产物可通过观察生成气体的颜色来判断。稀 HNO_3 的还原产物可用检验溶液中是否有 NH_4^+ 离子生成的办法来确定。

气室法检验 NH_4^+ 离子:将 5 滴被检溶液滴入一个表面皿中,再加 3 滴 40% NaOH 混匀。在另一块较小的表面皿中黏附一小块湿润的红色石蕊试纸,把它盖在大的表面皿上做成气室。将此气室放在水浴上微热两分钟,若石蕊试纸变蓝色,则表示有 NH_4^+ 存在。

(2)在三支试管中,各加入几滴 $0.001mol \cdot L^{-1}$ $KMnO_4$ 溶液,再分别加入 $1mol \cdot L^{-1}$ H_2SO_4、蒸馏水、$6mol \cdot L^{-1}$ NaOH 溶液各 0.5mL,再往三支试管中各加入 0.5mL $0.1mol \cdot L^{-1}$ Na_2SO_3 溶液,摇匀后,观察反应产物有何不同?写出有关反应式。

(四)浓度和酸度对氧化还原反应方向的影响

1. 浓度的影响

(1)在一支试管中加入 1mL H_2O、1mL CCl_4 和 1mL $0.1mol \cdot L^{-1}$ $Fe_2(SO_4)_3$ 溶液,摇匀

后,再加入 1mL 0.1mol·L^{-1}KI 溶液,振荡后观察 CCl$_4$ 层的颜色。

（2）另取一支试管加入 1mLCCl$_4$、1mL 0.1mol·L^{-1}FeSO$_4$、1mL 0.1mol·L^{-1}Fe$_2$(SO$_4$)$_3$ 溶液,摇匀后,再加入 1mL 0.1mol·L^{-1}KI 溶液,振荡后观察 CCl$_4$ 层的颜色与上一实验中 CCl$_4$ 层颜色有何区别?

（3）在（1）、（2）试管中,各加入 NH$_4$F(s)少许,振荡后,观察 CCl$_4$ 层颜色变化。

2. 酸度影响

在试管中加入 0.1mol·L^{-1} 的 Na$_3$AsO$_3$ 溶液 5 滴,再加入 I$_2$ 水 5 滴,观察溶液颜色。然后用 6mol·L^{-1} 的 HCl 或浓 HCl 酸化,又有何变化? 再加入 40% NaOH,又有何变化? 写出有关反应方程式,并解释之。

（五）酸度、温度和催化剂对氧化还原反应速度的影响

1. 酸度影响

在两支各盛 1mL 0.1mol·L^{-1}KBr 溶液的试管中,分别加入 3mol·L^{-1}H$_2$SO$_4$ 和 3mol·L^{-1} CH$_3$COOH 溶液 0.5mL,然后往两支试管中各加入 2 滴 0.001mol·L^{-1} 的 KMnO$_4$ 溶液。观察并比较两支试管中紫红色褪色的快慢。写出反应式并解释。

2. 温度影响

在两支试管中分别加入 1mL 0.1mol·L^{-1} H$_2$C$_2$O$_4$, 5 滴 1mol·L^{-1}H$_2$SO$_4$ 和 1 滴 0.001mol·L^{-1} 的 KMnO$_4$ 溶液,摇匀,将其中一支试管放入 80℃水浴中加热,另一支不加热,观察两支试管褪色的快慢。写出反应式,并解释之。

3. 催化剂的影响

在两支试管中分别加入 2 滴 0.1mol·L^{-1}MnSO$_4$ 溶液、1mL 1mol·L^{-1} 的 H$_2$SO$_4$ 和少许 (NH$_4$)$_2$S$_2$O$_8$ 固体,振摇使其溶解。然后往一支试管中加入 2～3 滴 0.1mol·L^{-1} 的 AgNO$_3$,另一支不加,微热。比较两支试管反应现象有何不同? 为什么?

五、实验注意事项

（1）电极 Cu 片、Zn 片及导线头、鳄鱼夹等都必须用砂纸打干净,接触不良就会影响伏特计读数。正极接在 3V、1.5V、0.5V 等处(视指针摆动而定)。

（2）FeSO$_4$ 和 Na$_2$SO$_3$ 必须新配制。

（3）使用滴瓶时,不能倒持滴管,也不能将滴管插入试管中,而要悬空从试管上方按实验用量滴入,用毕立即插回原试液滴瓶中。

（4）试管中加入锌粒时,要将试管倾斜,让 Zn 粒沿容器内壁滑到底部。

（5）本实验中所用的 NH$_4$F、AsO$_4^{3-}$ 或 AsO$_3^{3-}$ 均为剧毒物,(NH$_4$)$_2$S$_2$O$_8$ 为强氧化剂,故实验完毕后的废液应回收到教师指定的容器中,处理后排放。

六、预习要求及思考题

（一）预习要求

1. 熟悉原电池的装置,伏特计的使用方法。
2. 复习能斯特方程表示法,及酸度、浓度改变时的计算。
3. 复习电池电动势 E 的计算方法及根据 E 值的大小,来判断氧化还原反应的方向。
4. 复习固体试剂取用法,滴瓶、试管实验方法和水浴加热方法。

（二）思考题

1. 通过本次实验,你能归纳出哪些因素影响电极电势? 怎样影响?
2. 为什么 $K_2Cr_2O_7$ 能氧化浓 HCl 中的 Cl^- 离子,而不能氧化浓度比 HCl 大得多的 NaCl 浓溶液中的 Cl^- 离子?
3. 如何将反应 $KMnO_4 + KI + H_2SO_4 \rightarrow MnSO_4 + K_2SO_4 + I_2 + H_2O$ 设计成一个原电池,写出原电池符号及电极反应式。
4. 两电对的标准电极电势值相差越大,反应是否进行得越快? 你能否用实验证明你的结论?
5. 实验中,对"电极本性对电极电势的影响"你是如何理解的?
6. 若用饱和甘汞电极来测定锌电极的电极电势,应如何组成电池? 写出原电池符号及电极反应式。

[附注]盐桥的制法:

称取 1g 琼脂,放在 100mL 饱和 KCl 溶液中浸泡一会儿,加热煮成糊状,趁热倒入 U 形玻璃管(里面不能留有气泡)中,冷却后即成。

实验五　药用氯化钠的制备

一、实验目的

1. 掌握药用氯化钠的制备方法。
2. 练习和巩固称量、溶解、沉淀、过滤、蒸发浓缩等基本操作。

二、实验原理

粗食盐中除了含有泥沙等不溶性杂质外,还含有 K^+、Ca^{2+}、Mg^{2+} 和 SO_4^{2-} 等相应盐类的可溶性杂质。不溶性的杂质可以用过滤的方法除去,Ca^{2+}、Mg^{2+} 和 SO_4^{2-} 离子则要用化学方法处理才能除去。

化学方法是先加入稍过量的 $BaCl_2$ 溶液,使 SO_4^{2-} 转化为难溶的 $BaSO_4$ 沉淀而除去:

$$Ba^{2+} + SO_4^{2-} = BaSO_4 \downarrow$$

再向除去 $BaSO_4$ 沉淀后的溶液中加入 NaOH 和 Na_2CO_3 的混合溶液，Ca^{2+}、Mg^{2+} 及过量的 Ba^{2+} 离子都生成沉淀：

$$Ca^{2+} + CO_3^{2-} = CaCO_3 \downarrow$$

$$Ba^{2+} + CO_3^{2-} = BaCO_3 \downarrow$$

$$2Mg^{2+} + 2OH^- + CO_3^{2-} = Mg_2(OH)_2CO_3 \downarrow$$

过滤后，原溶液中的 Ca^{2+}、Mg^{2+} 和 Ba^{2+} 离子都已除去，但又引进了过量的 CO_3^{2-} 和 OH^- 离子，最后加入纯盐酸将溶液调至弱酸性，除去 CO_3^{2-} 和 OH^- 离子：

$$CO_3^{2-} + 2H^+ = CO_2 \uparrow + H_2O$$

$$OH^- + H^+ = H_2O$$

对于存在的少量 KCl 等杂质，由于它们的含量少，而溶解度又很大，在最后的浓缩结晶中仍留在母液中，而与氯化钠分离。

三、仪器、试剂及其他

1. 仪器

托盘天平，烧杯，量筒，布氏漏斗，吸滤瓶，真空泵，蒸发皿，玻璃漏斗，电炉，石棉网，玻璃棒等。

2. 试剂

酸：饱和 H_2S 溶液，$2.0 mol \cdot L^{-1} HCl$。

碱：$2.0 mol \cdot L^{-1} NaOH$。

盐：粗食盐，25% $BaCl_2$，饱和 Na_2CO_3 溶液。

3. 其他

pH 试纸。

四、实验内容

称取粗食盐 50g，置蒸发皿中，在电炉上炒至无爆裂声（或由实验室炒好粗食盐备用）。转移至烧杯中，加蒸馏水 150mL，搅拌，使粗食盐完全溶解，趁热常压过滤，滤渣弃去。将所得滤液加热近沸，滴加 25% $BaCl_2$ 溶液，边加边搅拌，直至不再有沉淀生成为止（大约需 10mL 左右）。加热至沸，为了检验 SO_4^{2-} 是否沉淀完全，将烧杯从石棉网上取下，停止搅拌，待沉淀沉降后，沿烧杯壁滴加数滴 $BaCl_2$ 溶液，应无沉淀生成。待沉淀完全后，继续加热煮沸数分钟，过滤，弃去沉淀。

将所得滤液移至另一干净的烧杯中，加入饱和的 H_2S 溶液数滴，若无沉淀，不必再多加 H_2S 溶液。可逐滴加入 $2.0 mol \cdot L^{-1} NaOH$ 和饱和 Na_2CO_3 所组成的混合溶液（其体积比为 1:1），将溶液的 pH 值调至 11 左右，加热至沸，使反应完全，减压过滤，弃去沉淀。

将滤液移入蒸发皿中，滴加 $2.0 mol \cdot L^{-1} HCl$，调溶液的 pH 值 4~5，缓慢加热蒸发，将滤液蒸发浓缩至糊状稠液为止(停止搅拌)。趁热抽滤。

将所得 NaCl 晶体转移至蒸发皿中,慢慢烘干。冷却后用托盘天平进行称量,计算产率。产品留作下次实验。

五、思考题

1. 除去 SO_4^{2-}、Mg^{2+}、Ca^{2+} 离子的先后顺序是否可以倒置过来? 如先除 Ca^{2+} 和 Mg^{2+},再除 SO_4^{2-},有何不同?

2. 粗盐中不溶性杂质和可溶性杂质如何除去?

实验六　药用氯化钠的性质及杂质限量的检查

一、实验目的

初步了解《中国药典》对药用氯化钠的鉴别、检查方法。

二、实验原理

1. 鉴别试验是对被检药品组成或其离子的特征试验,如氯化钠的组成离子 Na^+ 和 Cl^- 的特征试验。

2. 钡盐、钾盐、钙盐、镁盐及硫酸盐的限度检验,是根据沉淀反应的原理,样品管和标准管在相同条件下进行比浊试验,样品管不得比标准管颜色更深。

3. 重金属系 Pb、Bi、Cu、Hg、Sb、Sn、Co、Zn 等金属离子,它们在一定条件下均能与 H_2S 或 Na_2S 作用而显色。《中国药典》规定,在弱酸条件下进行,用稀醋酸调节 pH 值。实验证明,在 pH=3 时,PbS 沉淀最完全。

重金属的检查,是在相同条件下进行比色试验。

三、仪器、试剂及其他

1. 仪器

蒸发皿,烧杯,漏斗,抽滤瓶,奈氏比色管,离心机。

2. 试剂

酸:饱和 H_2S 溶液,$0.1mol \cdot L^{-1}$ HCl,$2mol \cdot L^{-1}$ HCl,$0.5mol \cdot L^{-1}H_2SO_4$,$0.1mol \cdot L^{-1}$ HAc,$3mol \cdot L^{-1}$ HAc。

碱:$NH_3 \cdot H_2O$。

盐:25% $BaCl_2$,饱和 Na_2CO_3,$0.1mol \cdot L^{-1}AgNO_3$,$0.1mol \cdot L^{-1}KMnO_4$,$0.1mol \cdot L^{-1}$ KI,$0.1mol \cdot L^{-1}$ KBr,$0.1mol \cdot L^{-1}$ $(NH_4)_2S_2O_8$,$0.1mol \cdot L^{-1}$ NH_4SCN,四苯硼酸钠溶液,$0.1mol \cdot L^{-1}Na_2HPO_4$,$0.1mol \cdot L^{-1}(NH_4)_2C_2O_4$,$0.1mol \cdot L^{-1}CaCl_2$。

3.其他

药用氯化钠(自己制备),KI 淀粉试纸,氯仿,氯水,标准硫酸钾溶液,标准铁盐溶液,标准铅盐溶液。

四、实验内容

(一)氯化物的鉴别反应

1.生成氯化银沉淀

取产品少许溶解,加硝酸银溶液,即生成白色凝乳状沉淀,沉淀溶于氨试液,但不溶于稀硝酸。

$$Cl^- + Ag^+ \longrightarrow AgCl \downarrow$$

2.还原性试验

取产品少许,加水溶解后,加 $KMnO_4$ 与稀 H_2SO_4 加热,即产生氯气,遇淀粉 KI 试纸即显蓝色。

$$10Cl^- + 2MnO_4^- + 16H^+ \longrightarrow 5Cl_2 \uparrow + 2Mn^{2+} + 8H_2O$$

(二)碘化物与溴化物

取产品 2g,加蒸馏水 6mL,溶解后加氯仿 1mL,并加入用等量蒸馏水稀释的氯水试液,随滴随振摇,氯仿层不得显紫红色、黄色或橙色。

对照试验:分别取碘化物和溴化物溶液各 1mL,分别置于 2 只试管内,各加氯仿 0.5mL,并滴加氯试液,振摇。两试管中氯仿层分别显示紫红色、黄色或红棕色。

$$2Br^- + Cl_2 \longrightarrow Br_2 + 2Cl^-$$

$$2I^- + Cl_2 \longrightarrow I_2 + 2Cl^-$$

(三)钡盐

取产品 4g,用蒸馏水 20mL 溶解,过滤,滤液分为两等份,一份中加稀 H_2SO_4 2mL,静置 2 小时,两液应同样透明。

(四)钾盐

取产品 5.0g,加水 20mL,溶解后加入稀醋酸 2 滴,再加四苯硼酸钠溶液(取四苯硼酸钠 1.5g,置乳钵中,加水 10mL 后研磨,再加水 40mL,研匀后用质密的滤纸滤过,即得)2mL,加水使成 50mL,如显浑浊,与标准硫酸钾溶液 12.3mL 用同一方法制成的对照液比较,不得更浓(0.02%),反应式为:

$$K^+ + B(C_6H_5)_4^- \longrightarrow KB(C_6H_5)_4 \downarrow 白色$$

标准硫酸钾溶液的制备:精密称取在 105℃ 干燥至恒重的硫酸钾 0.181g,置 1000mL 量瓶中,加水适量使溶解并稀释至刻度,摇匀,即得(每 1mL 相当于 81.1μg 的钾)。

（五）硫酸盐

取 50ml 奈氏比色管两支,甲管中加标准硫酸钾溶液 1mL(每 1mL 标准硫酸钾溶液相当于 $100\mu g$ 的 SO_4^{2-}),加蒸馏水稀释至约 25mL 后,加 $0.1mol \cdot L^{-1}HCl$ 1mL,置 30℃~35℃水浴中,保温 10 分钟,加 25% $BaCl_2$ 溶液 3mL,加适量水使成 50mL,摇匀,放置 10 分钟。

取产品 5g 置于乙管中,加水溶解至约 25mL,溶液应透明,如不透明可过滤,于滤液中加 $0.1mol \cdot L^{-1}HCl$ 1mL,置 30℃~35℃水浴中,保温 10 分钟。加 25% $BaCl_2$ 溶液 3mL,用蒸馏水稀释,使成 50mL,摇匀,放置 10 分钟。

甲乙两管放置 10 分钟后,置比色架上,在光线明亮处双眼由上而下透视,比较两管的混浊度,乙管发生的混浊度不得高于甲管(0.002%)。

（六）钙盐与镁盐

取产品 4g,加水 20ml 溶解后,加氨试液 2mL 摇匀,分成两等份。一份加草酸铵试液 1mL,另一份加磷酸氢二钠试液 1mL,5 分钟内均不得发生混浊。

对比试验:

1. 取钙盐溶液 1mL,加草酸铵试液 1mL,滴加氨水至显弱碱性,溶液有白色结晶析出。反应式为:

$$Ca^{2+} + C_2O_4^{2-} \longrightarrow CaC_2O_4 \downarrow 白色$$

2. 取镁盐溶液 1mL,加磷酸氢二钠溶液 1mL,加氨水 10 滴,有白色结晶析出。反应式为:

$$Mg^{2+} + HPO_4^{2-} + NH_3 \cdot H_2O \longrightarrow MgNH_4PO_4 \downarrow (白色) + H_2O$$

（七）铁盐

取产品 5g,置于 50mL 奈氏比色管中,加蒸馏水 35mL 溶解后,加入 $0.1mol \cdot L^{-1}HCl$ 5mL,新配 $0.1mol \cdot L^{-1}$ 过硫酸铵几滴,再加硫氢化铵试液 5mL,加适量蒸馏水使成 50mL,摇匀。如显色与标准溶液 1.5mL,用同法处理后制得的标准管颜色比较,不得更深(0.0003%)。反应式为:

$$Fe^{3+} + SCN^- \longrightarrow Fe(SCN)^{2+}(血红色)$$

标准铁盐溶液的制备:精密称取未风化的硫酸铁铵 0.8630g,溶解后转入 1000mL 容量瓶中,加硫酸 2.5mL,加水稀释至刻度,摇匀。临用时精密量取 10mL,置于 100mL 的量瓶中,加水稀释至刻度,摇匀,即得(每 1mL 相当于 $10\mu g$ 的 Fe)。

（八）重金属

取 50mL 奈氏比色管两支,甲管中加标准铅溶液($10\mu g Pb/mL$)1mL,加稀醋酸 2mL,加水稀释至 25mL。于乙管中加产品 5g,加水 20mL 溶解后,加稀醋酸 2mL 与水适量使成 25mL。甲乙两管中分别加硫化氢试液各 10mL,摇匀,在暗处放置 10 分钟,同置白纸上,自上面透视,乙管中显出的颜色与甲管比较,不得更深(含重金属不得超过 2%)。

铅储备液的制备：精密称取在 105℃ 干燥至恒重的硝酸铅 0.1598g，加硝酸 5mL 与水 50mL，溶解后，按规定配制成 1000mL，摇匀，即得（每 1mL 相当于 8100μg 的 Pb）。

标准铅溶液的制备：精密量取铅储备液 10mL，置 100mL 容量瓶中，加水稀释至刻度 线，摇匀，即得（每 1mL 相当于 10μg 的 Pb）。

标准铅溶液应新鲜配制。配制与存用的玻璃容器均不得含有铅。

五、思考题

1. 本实验中鉴别反应的原理是什么？
2. 何种离子的检验可选用比色试验？何种分析方法称为限量分析？

实验七　配合物的生成、性质与应用

一、实验目的

1. 了解几种不同类型的配合物的生成。比较配合物与简单化合物和复盐的区别。
2. 了解影响配位平衡移动的因素。
3. 了解螯合物的形成条件。
4. 熟悉过滤和试管的使用等基本操作。

二、实验原理

由中心离子（或原子）和一定数目的中性分子或阴离子通过形成配位共价键相结合 而成的复杂结构单元称配位个体，凡是由配合单元组成的化合物称配位化合物。在配合 物中，中心离子已体现不出其游离存在时的性质。而在简单化合物或复盐的溶液中，各种 离子都能体现出游离离子的性质。由此，可区分出有否配合物存在。

配合物在水溶液中存在有配合平衡：

$$M^{n+} + aL^- \underset{\text{离解}}{\overset{\text{形成}}{\rightleftharpoons}} ML_a^{n-a}$$

配合物的稳定性可用平衡常数 $K_{\text{稳}}^{\ominus}$ 来衡量。根据化学平衡的知识可知，增加配体或金 属离子浓度有利于配合物的形成，而降低配体或金属离子的浓度则有利于配合物的离解。 因此，弱酸或弱碱作为配体时，溶液酸碱性的改变会导致配合物的解离。若有沉淀剂能与 中心离子形成沉淀反应，则会减少中心离子的浓度，使配合平衡朝离解的方向移动，最终 导致配合物的解离。若另加入一种配体，能与中心离子形成稳定性更好的配合物，则又可 能使沉淀溶解。总之，配位平衡与沉淀平衡的关系是朝着生成更难离解或更难溶解的物 质的方向移动。

中心离子与配体结合形成配合物后，由于中心离子的浓度发生了改变，因此电极电势 值也改变，从而改变了中心离子的氧化还原能力。

中心离子与多基配体反应可生成具有环状结构的稳定性很好的螯合物。很多金属螯合物具有特征颜色,且难溶于水而易溶于有机溶剂。有些特征反应常用来作为金属离子的鉴定反应。

三、仪器、试剂及其他

1. 仪器

试管,试管架,离心试管,漏斗,漏斗架,白瓷点滴板,离心机(公用)。

2. 试剂

酸:$2mol \cdot L^{-1} H_2SO_4$。

碱:$2mol \cdot L^{-1}$氨水,$6mol \cdot L^{-1}$氨水,$0.1mol \cdot L^{-1}$ NaOH,$2mol \cdot L^{-1}$NaOH。

盐:$0.1mol \cdot L^{-1}$ CuSO$_4$,$0.1mol \cdot L^{-1}$ HgCl$_2$,$0.1mol \cdot L^{-1}$ KI,$0.1mol \cdot L^{-1}$ BaCl$_2$,$0.1mol \cdot L^{-1}$铁氰化钾,$0.1mol \cdot L^{-1}$硫酸铁铵,$0.1mol \cdot L^{-1}$ FeCl$_3$,$0.1mol \cdot L^{-1}$ KSCN,$2mol \cdot L^{-1}$NH$_4$F,饱和(NH$_4$)$_2$C$_2$O$_4$,$0.1mol \cdot L^{-1}$AgNO$_3$,$0.1mol \cdot L^{-1}$NaCl,$0.1mol \cdot L^{-1}$KBr,$0.1mol \cdot L^{-1}$ Na$_2$S$_2$O$_3$,$0.1mol \cdot L^{-1}$Na$_2$S,饱和 Na$_2$S$_2$O$_3$,$0.1mol \cdot L^{-1}$FeSO$_4$,$0.1mol \cdot L^{-1}$NiSO$_4$,$0.1mol \cdot L^{-1}$EDTA。

3. 其他

95%乙醇,CCl$_4$,0.25%邻菲罗啉,1%二乙酰二肟,乙醚。

四、实验内容

(一)配合物的制备

1. 含正配离子的配合物

往试管中加入 2mL $0.1mol \cdot L^{-1}$CuSO$_4$ 溶液,逐滴加入 $2mol \cdot L^{-1}$氨水溶液,至产生沉淀后仍继续滴加氨水,直至变为深蓝色溶液为止。然后加入约 4mL 乙醇,振荡试管,观察现象。过滤,所得晶体为何物?在漏斗颈下端放一支试管,直接在滤纸上逐滴加入$2mol \cdot L^{-1}$氨水溶液(约 2mL)使晶体溶解(保留此溶液供下面实验用)。写出离子方程式。

2. 含负配离子的配合物

往试管中加入 3 滴 $0.1mol \cdot L^{-1}$HgCl$_2$ 溶液,逐滴加入 $0.1mol \cdot L^{-1}$KI 溶液,注意最初有沉淀生成,后来变为配合物而溶解(保留此溶液供下面实验用)。写出离子方程式。

(二)配位化合物与简单化合物、复盐的区别

1. 把实验(一)1 中所得的溶液分成两份,往第一支试管中滴入 2 滴 $0.1mol \cdot L^{-1}$NaOH 溶液,第二支试管中滴入 3 滴 $0.1mol \cdot L^{-1}$BaCl$_2$ 溶液。观察现象,并写出离子方程式。

另取两支试管,各加 5 滴 $0.1mol \cdot L^{-1}$CuSO$_4$ 溶液,然后在一支试管中滴入 2 滴 $0.1mol \cdot L^{-1}$NaOH 溶液,另一支试管中滴入 3 滴 $0.1mol \cdot L^{-1}$BaCl$_2$ 溶液。比较两次实验的结果,并简单解释之。

2. 把实验(一)2 中所得的溶液中滴 0.1mol·L^{-1}NaOH 溶液,观察现象,写出离子方程式。

另取一支试管,加 2 滴 0.1mol·L^{-1}HgCl$_2$,再加 2 滴 0.1mol·L^{-1}NaOH 溶液,比较两次实验的结果,并简单解释之。

3. 用实验证明铁氰化钾是配合物,硫酸铁铵是复盐,写出实验步骤并进行实验。

(三)配位平衡的移动

1. 配合物的取代

取 1mL 0.1mol·L^{-1}FeCl$_3$ 溶液于试管中,滴加 2 滴 0.1mol·L^{-1}KSCN 溶液,溶液呈何颜色? 然后滴加 2mol·L^{-1}NH$_4$F 溶液至溶液变为无色,再滴加饱和(NH$_4$)$_2$C$_2$O$_4$ 溶液,至溶液变为黄绿色。写出离子方程式并解释这一现象。

2. 配合平衡与沉淀溶解平衡

在一支离心试管中加 3 滴 0.1mol·L^{-1}AgNO$_3$ 溶液,然后按下列次序进行实验,并写出每一步骤的反应方程式。

(1)滴加 1 滴 0.1mol·L^{-1}NaCl 溶液至刚生成沉淀。

(2)加入 6mol·L^{-1}氨水溶液至沉淀刚溶解。

(3)加入 1 滴 0.1mol·L^{-1}KBr 溶液至刚生成沉淀。

(4)加入 0.1mol·L^{-1}Na$_2$S$_2$O$_3$ 溶液,边滴边剧烈摇荡至沉淀刚溶解。

(5)加入 1 滴 0.1mol·L^{-1}KI 溶液至刚生成沉淀。

(6)加入饱和 Na$_2$S$_2$O$_3$ 溶液至沉淀刚溶解。

(7)加入 0.1mol·L^{-1}Na$_2$S 溶液至刚生成沉淀。

试从几种沉淀的溶度积和几种配离子的稳定常数的大小加以解释。

3. 配合平衡与氧化还原的关系

取两支试管,各加入 5 滴 0.1mol·L^{-1} FeCl$_3$ 溶液及 10 滴 CCl$_4$。然后在一支试管中加 5 滴 0.1mol·L^{-1}KI 溶液,另一支试管中滴加 2mol·L^{-1}NH$_4$F 溶液至溶液变为无色,再加入 5 滴 0.1mol·L^{-1}KI 溶液。比较两试管中 CCl$_4$ 层的颜色,解释现象并写出有关的反应方程式。

4. 配合平衡和酸碱反应

(1) 在自制的硫酸四氨合铜溶液中,逐滴加入稀硫酸溶液,直至溶液呈酸性,观察现象,写出反应式。

(2) 在自制的 K$_3$[Fe(SCN)$_6$]溶液中,逐滴加入 0.1mol·L^{-1}NaOH 溶液,观察现象,写出反应式。

(四)螯合物的形成

1. 取两支试管,分别加入 10 滴自制的[Fe(SCN)$_6$]$^{3-}$ 和 10 滴自制的[Cu(NH$_3$)$_4$]$^{2+}$,然后分别滴加 0.1mol·L^{-1}EDTA 溶液,观察现象并解释之。

2. Fe^{2+} 离子与邻菲罗啉在微酸性溶液中反应,生成橘红色的配离子。

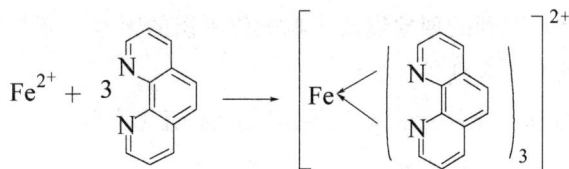

$$Fe^{2+} + 3\ \underset{N}{\overset{N}{\bigcirc\bigcirc\bigcirc}} \longrightarrow \left[Fe \left(\underset{N}{\overset{N}{\bigcirc\bigcirc\bigcirc}} \right)_3 \right]^{2+}$$

在白瓷点滴板上滴一滴 $0.1mol \cdot L^{-1}FeSO_4$ 溶液,3 滴 0.25% 邻菲罗啉溶液,观察现象。此反应可作为 Fe^{2+} 离子的鉴定反应。

3. Ni^{2+} 离子与二乙酰二肟反应生成鲜红色的内络盐沉淀。

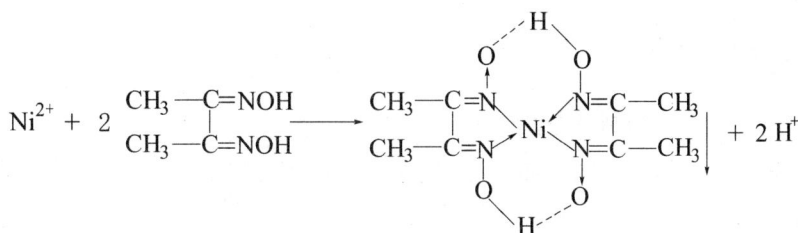

$$Ni^{2+} + 2 \begin{array}{l} CH_3-C=NOH \\ CH_3-C=NOH \end{array} \longrightarrow \begin{array}{l} CH_3-C=N \\ CH_3-C=N \end{array} Ni \begin{array}{l} N=C-CH_3 \\ N=C-CH_3 \end{array} \downarrow + 2H^+$$

此反应 H^+ 离子浓度过大,不利于内络盐的生成,但 OH^- 离子浓度太高,又会生成 $Ni(OH)_2$ 沉淀。合适的酸度是 pH5 ~ 10。

在试管中加入 2 滴 $0.1mol \cdot L^{-1}NiSO_4$ 溶液及 20 滴蒸馏水,再加入一滴 $2mol \cdot L^{-1}$ 氨水和 2 滴 1% 二乙酰二肟溶液,观察现象。然后再加入 1mL 乙醚,摇荡,静置,观察现象。此反应可作为 Ni^{2+} 离子的鉴定反应。

五、实验注意事项

1. $HgCl_2$ 毒性很大,使用时要注意安全。切勿使其入口或与伤口接触,用完试剂后必须洗手,剩余的废液不能随便倒入下水道,应放入指定的容器中。

2. 在实验(三)2 的操作中,要注意:凡是生成沉淀的步骤,沉淀量要少,即至刚生成沉淀为宜。凡是使沉淀溶解的步骤,加入溶液量越少越好,即使沉淀刚溶解为宜。因此,溶液必须逐滴加入,且边滴边摇,若试管中溶液量太多,可在生成沉淀后,先离心弃去清夜,再继续进行实验。

六、预习要求与思考题

(一)预习要求

1. 了解配合物、简单化合物、复盐的不同之处。

2. 熟悉配位平衡与沉淀反应、氧化还原反应、溶液酸碱性的关系。

3. 复习常压过滤的操作方法。

（二）思考题

1. 总结本实验中所观察到的现象以及影响配位平衡的因素有哪些？

2. 配合物与复盐的主要区别是什么？

3. 为什么硫化钠溶液不能使亚铁氰化钾溶液产生硫化亚铁沉淀，而饱和的硫化氢溶液能使铜氨配合物的溶液产生硫化铜沉淀？

4. 实验中所用的 EDTA 是什么物质？它与单基配体有何不同？

实验八　硫酸亚铁铵的制备

一、实验目的

1. 了解硫酸亚铁铵的制备方法。

2. 练习各种仪器的使用以及加热（水浴加热）、溶解、过滤（减压过滤）、蒸发、结晶、干燥等基本操作。

二、实验原理

铁溶于稀硫酸后生成硫酸亚铁。

$$Fe + H_2SO_4 = FeSO_4 + H_2 \uparrow$$

若在硫酸亚铁溶液中加入等摩尔数的硫酸铵，能生成硫酸亚铁铵。由于复盐的溶解度比单盐要小，因此溶液经蒸发浓缩、冷却后，复盐在水溶液中首先结晶，可制取鲜绿色的硫酸亚铁铵晶体。

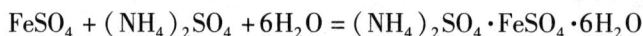

$$FeSO_4 + (NH_4)_2SO_4 + 6H_2O = (NH_4)_2SO_4 \cdot FeSO_4 \cdot 6H_2O$$

一般亚铁盐在空气中易被氧化，但形成复盐硫酸亚铁铵后却比较稳定，在空气中不易被氧化。此晶体叫摩尔盐（Mohr），在定量分析中常用于配制亚铁离子的标准溶液。

三、仪器、试剂及其他

1. 仪器

锥形瓶（150mL），烧杯（50mL、800mL 各一只），酒精灯，石棉网，量筒（10mL），漏斗，漏斗架，玻璃棒，布氏漏斗，吸滤瓶，蒸发皿，台秤，水浴锅（可用 800mL 烧杯代）。

2. 试剂

酸：$3mol \cdot L^{-1} H_2SO_4$（或浓 H_2SO_4）。

盐：$(NH_4)_2SO_4$（固体）。

3. 其他

铁屑，95% C_2H_5OH，滤纸，温度计，pH 试纸。

四、实验内容

(一)硫酸亚铁溶液的制备

称2g铁屑,放入锥形瓶中,再加入20mL 3mol·L^{-1} H$_2$SO$_4$溶液,水浴加热(温度低于80℃)至不再有气体冒出为止。反应过程中要适当补加少量蒸馏水,以保持原体积。在反应半小时左右,可按下一步骤配制好硫酸铵溶液。反应完毕,趁热过滤。滤液承接在清洁的蒸发皿中,用约2~3mL热蒸馏水洗涤锥形瓶及漏斗上的滤渣。

(二)硫酸亚铁铵的制备

根据加入的H$_2$SO$_4$量,计算所需(NH$_4$)$_2$SO$_4$的量。称取(NH$_4$)$_2$SO$_4$,并参照下表不同温度下(NH$_4$)$_2$SO$_4$的溶解度数据将其配成饱和溶液,将此溶液尽快倒入上面制得的FeSO$_4$溶液中,调节溶液pH值为1~2。在水浴上蒸发、浓缩至溶液表面刚有结晶膜出现;自水浴上取下蒸发皿,放置片刻,即可用水冷却,即有硫酸亚铁铵晶体析出。待冷却至室温后,用布氏漏斗减压过滤,尽可能使母液与晶体分离完全;再用少量酒精洗去晶体表面的水分(继续减压过滤)。将晶体取出,摊在两张干净的滤纸之间,并轻轻吸干母液。观察晶体颜色。用台秤称重,计算理论产量和产率。

不同温度时硫酸铵的溶解度(单位:g/100g H$_2$O)

温度/℃	10	20	30	40	50
溶解度	70.6	73.0	75.4	78.0	81.0

五、实验注意事项

1. 铁屑与稀硫酸在水浴下反应时,产生大量的气泡,水浴温度不要高于80℃,否则易造成Fe^{2+}离子的氧化及大量的气泡会从瓶口冲出影响产率,此时应注意一旦有泡沫冲出要补充少量水。

2. 铁与稀硫酸反应生成的气体中,大量的是氢气,还有少量H$_2$S、PH$_3$等气体,应注意打开排气扇或通风。

3. 制备出的FeSO$_4$要尽快与(NH$_4$)$_2$SO$_4$混合,混合液蒸发浓缩的时间不要太长,以免造成氧化。

六、思考题

1. 在反应过程中,铁和硫酸哪一种应过量,为什么?反应操作中为什么必须通风?

2. 混合溶液为什么要呈酸性?

3. 浓硫酸的浓度是多少?用浓硫酸配制3mol·L^{-1} H$_2$SO$_4$溶液40mL如何配制?在配制过程中应注意些什么?

实验九　卤素、硫

一、实验目的

1. 比较卤素离子的还原性。
2. 验证卤酸盐的氧化性。
3. 验证并了解重金属硫化物的难溶性。
4. 验证亚硫酸盐、硫代硫酸盐、过二硫酸盐的化学性质。

二、实验原理

1. 氧化还原性是卤素的特征。卤素单质均为氧化剂,其氧化性按下列顺序变化:

$$F_2 > Cl_2 > Br_2 > I_2$$

卤素离子的还原性按相反顺序变化:$I^- > Br^- > Cl^- > F^-$

2. 卤素在碱性介质中发生歧化反应生成 XO^- 离子:$X_2 + 2OH^- = X^- + XO^- + H_2O$,$XO^-$ 离子易进一步歧化生成 XO_3^- 离子。

$$3XO^- = 2X^- + XO_3^-$$

3. 卤酸盐在中性溶液中没有明显的氧化性,但在酸性介质中却表现出明显的氧化性,例如 $KClO_3$ 在中性溶液中不能氧化 KI,而在强酸性介质中,可将 I^- 氧化成 I_2:

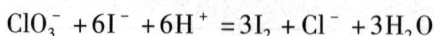
$$ClO_3^- + 6I^- + 6H^+ = 3I_2 + Cl^- + 3H_2O$$

$KBrO_3$ 在酸性介质中能氧化 I_2 和 Br^- 离子:

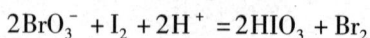
$$2BrO_3^- + I_2 + 2H^+ = 2HIO_3 + Br_2$$

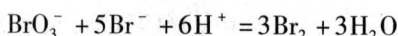
$$BrO_3^- + 5Br^- + 6H^+ = 3Br_2 + 3H_2O$$

KIO_3 能将 $NaHSO_3$ 氧化

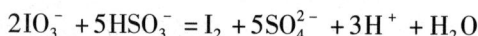
$$2IO_3^- + 5HSO_3^- = I_2 + 5SO_4^{2-} + 3H^+ + H_2O$$

三、仪器、试剂及其他

1. 仪器

离心机,离心试管,试管。

2. 试剂

酸:浓 HCl,$6mol \cdot L^{-1}$ HCl,$2mol \cdot L^{-1}$ HCl,$1mol \cdot L^{-1}$ HCl,$3mol \cdot L^{-1}$ H_2SO_4,$2mol \cdot L^{-1}$ H_2SO_4,浓 HNO_3,$6mol \cdot L^{-1}HNO_3$,$2mol \cdot L^{-1}HNO_3$,饱和 H_2S 溶液。

碱:$6mol \cdot L^{-1}NH_3 \cdot H_2O$,$12mol \cdot L^{-1}NH_3 \cdot H_2O$。

盐:$0.1mol \cdot L^{-1}KI$,$0.1mol \cdot L^{-1}KBr$,$0.1mol \cdot L^{-1}AgNO_3$,$0.1mol \cdot L^{-1}Pb(Ac)_2$,$0.5mol \cdot$

$L^{-1}KBr$,$0.1mol \cdot L^{-1}FeCl_3$,饱和 $KBrO_3$ 溶液,$0.1mol \cdot L^{-1}KIO_3$,$0.1mol \cdot L^{-1}NaHSO_3$,$0.1mol \cdot L^{-1}KMnO_4$,$0.5mol \cdot L^{-1}Na_2SO_3$,$0.1mol \cdot L^{-1}Na_2S_2O_3$,$0.1mol \cdot L^{-1}BaCl_2$,$0.1mol \cdot L^{-1}MnSO_4$,$0.1mol \cdot L^{-1}ZnSO_4$,$0.1mol \cdot L^{-1}CdSO_4$,$0.1mol \cdot L^{-1}CuSO_4$,$0.1mol \cdot L^{-1}Hg(NO_3)_2$,$KClO_3$ 固体,KCl 固体,KBr 固体,KI 固体,$(NH_4)_2S_2O_8$ 晶体。

3. 其他

氯水,淀粉溶液,碘水,pH 试纸,KI 淀粉试纸,CCl_4 溶液,$Pb(Ac)_2$ 试纸。

四、实验内容

(一)卤素离子的还原性

1. 取三支干燥试管,分别加入几小粒 KCl、KBr、KI 晶体,再各加浓 H_2SO_4 0.5mL,观察并比较各试管中发生的变化。分别用浓氨水、淀粉-KI 试纸、$Pb(Ac)_2$ 试纸,在试管口检验产生的气体,解释现象,写出有关反应式。

2. 取两支试管,分别加 0.5mL 浓度为 $0.1mol \cdot L^{-1}$ 的 KBr 和 KI 溶液,然后各加入两滴 $0.1mol \cdot L^{-1}FeCl_3$ 溶液和 0.1mL CCl_4 溶液。充分振荡后,观察两试管中 CCl_4 层的颜色有无变化,并加以解释。

综合以上四个试验,比较 Cl^-、Br^-、I^- 离子的还原性,并说明其变化规律。

(二)卤酸盐的氧化性

1. $KClO_3$ 的氧化性

取少量 $KClO_3$ 晶体于试管中,加入约 1mL 水使之溶解。再加几滴 $0.1mol \cdot L^{-1}KI$ 溶液和 0.5ml CCl_4,振荡试管,观察 CCl_4 层有何变化。再加入几滴 $3mol \cdot L^{-1}H_2SO_4$,振荡试管,观察有何变化。写出反应式。

2. $KBrO_3$ 的氧化性

在一试管中加入 1mL 饱和 $KBrO_3$ 溶液和 0.5mL $3mol \cdot L^{-1}H_2SO_4$,然后加入几滴 $0.5mol \cdot L^{-1}KBr$ 溶液,振荡试管,观察反应产物的颜色和状态。如果反应不明显,可微加热。把湿润的 KI 淀粉试纸移近管口,以检验气体产物。写出反应式。

3. KIO_3 的氧化性

在一试管中加入 0.5mL $0.1mol \cdot L^{-1}$ 的 KIO_3 溶液,加几滴 $3mol \cdot L^{-1}H_2SO_4$ 和几滴可溶性淀粉溶液,再滴加 $0.1mol \cdot L^{-1}NaHSO_3$ 溶液,边加边振荡。观察深蓝色出现。写出反应式。

(三)难溶硫化物的生成和溶解

1. 在四支离心管中分别加入 0.5mL $0.1mol \cdot L^{-1}ZnSO_4$、$CdSO_4$、$CuSO_4$ 和 $Hg(NO_3)_2$ 溶液,然后再各加入 1mL 饱和 H_2S 水溶液。观察沉淀的生成和产物的颜色。分别将沉淀离心分离,弃去溶液。

2. 在 ZnS 沉淀中加入 1mL 1mol·L^{-1} HCl 溶液,沉淀是否溶解? 再加 1mL 12mol·L^{-1} NH$_3$·H$_2$O 以中和 HCl,观察 ZnSO$_4$ 沉淀是否重新出现。

3. 在 CdS 沉淀中加入 1mol·L^{-1} HCl,沉淀是否溶解? 若不溶解,离心分离,弃去溶液,再往沉淀中加入 6mol·L^{-1} HCl。观察沉淀是否溶解。

4. 在 CuS 沉淀中加入 6mol·L^{-1} HCl,沉淀是否溶解? 若不溶解,离心分离,弃去溶液,再往沉淀中加入 1mL 6mol·L^{-1} HNO$_3$ 溶液,并在水浴中加热,观察沉淀是否溶解。

5. 用蒸馏水把 HgS 沉淀洗净,离心,吸取清液,加入 0.5mL 浓 HNO$_3$,沉淀是否溶解? 如果不溶解,再加 3 倍于浓 HNO$_3$ 体积的浓 HCl,并搅拌,观察有何变化?

比较四种金属硫化物与酸反应情况,写出有关反应式,并加以解释。

(四)亚硫酸盐和硫代硫酸盐的性质

1. 亚硫酸盐的性质

取 2mL 0.5mol·L^{-1} 的 Na$_2$SO$_3$ 溶液于试管中,用 pH 试纸检验溶液的酸碱性。再加入 1mL 2mol·L^{-1} H$_2$SO$_4$ 溶液酸化,观察有何现象? 把溶液分成两份:在一份中滴加饱和 H$_2$S 水溶液,观察发生了什么现象? 往另一份溶液中滴加 0.1mol·L^{-1} KMnO$_4$ 溶液,观察溶液的颜色有何变化?

写出反应式。根据以上实验结果,试对亚硫酸盐的性质作出初步结论。

2. 硫代硫酸钠的性质

(1)往 0.1mol·L^{-1} Na$_2$S$_2$O$_3$ 溶液中滴加碘水,观察溶液颜色的变化。写出反应式。

(2)往 0.1mol·L^{-1} Na$_2$S$_2$O$_3$ 溶液中滴加氯水,设法证明 SO$_4^{2-}$ 的生成。写出反应式。

(3)往 0.1mol·L^{-1} Na$_2$S$_2$O$_3$ 溶液中加 2mol·L^{-1} HCl 溶液加热,观察有什么变化。写出反应式。

3. 过硫酸铵的氧化性

(1)取(NH$_4$)$_2$S$_2$O$_8$ 晶体少许,加入 1mL 水溶解后,滴加 0.1mol·L^{-1} KI 溶液,观察溶液颜色的变化,试验证有 I$_2$ 析出。写出反应式。

(2)取半匙(NH$_4$)$_2$S$_2$O$_8$ 晶体,再注入 3mol·L^{-1} H$_2$SO$_4$ 溶液约 1mL,滴加 0.1mol·L^{-1} AgNO$_3$ 溶液 2~3 滴后,再加 1 滴 0.1mol·L^{-1} MnSO$_4$,加热煮沸,观察溶液颜色的改变。解释现象,写出反应式。

五、实验注意事项

1. 实验进行时,应按照实验步骤认真操作,注意规范。仔细观察现象,并及时记录。

2. 吸入较多量的氯、溴等蒸气时,很快就会中毒,故实验时应注意通风,保证安全。

六、预习要求及思考题

（一）预习要求

1. 预习本实验原理、实验内容和步骤及其有关的基本操作。

2. 预习实验注意事项。

（二）思考题

1. 卤素离子为什么只具有还原性？

2. 实验室中能否用浓硫酸与碘或和溴的卤化物来制备 HI 或 HBr？为什么？写出反应式。

3. 根据标准电极电势，说明次氯酸盐和氯酸盐的氧化性何者强？氯酸盐的氧化性，在酸性介质中强还是在碱性介质中强？

4. 有三个瓶，分别盛有氯化物、溴化物、碘化物的白色固体，试用一简单方法把三者区别开。

5. 长期放置亚硫酸钠溶液会发生什么变化？

6. 在硫代硫酸钠与碘的反应中，能否加酸？为什么？

实验十　磷、砷、硼

一、实验目的

1. 试验并了解磷酸盐的性质。

2. 了解砷的氢氧化物的酸碱性，三价砷的还原性，五价砷的氧化性。熟悉砷的鉴定方法。

3. 制备硼酸，并试验硼酸及硼酸化合物的性质。

二、实验原理

磷和砷为周期系第 V 主族元素，其电子层结构为 ns^2np^3，故其氧化值最高为 +5，最低为 -3。

磷酸可由硫酸和磷酸钙作用来制取，磷酸是一个中等强度的三元酸，可形成酸式盐和正盐，故其水溶液的酸碱性有所不同，其钙盐在水溶液中的溶解度也不相同。

三氧化二砷为两性氧化物，偏酸性。亚砷酸盐在碱性介质中可被 I_2 氧化为砷酸盐，砷酸盐在酸性介质中可将 I^- 离子氧化成 I_2。在中性溶液中加入 $AgNO_3$ 以生成物的颜色不同，可以鉴定 AsO_4^{3-}、AsO_3^{3-} 离子。

硼是 ⅢA 主族元素，其原子的最外层有 3 个电子，氧化值通常为 +3，主要化合物为硼酸和硼砂。硼酸是一个弱酸,难溶于冷水而易溶于热水,硼砂是四硼酸的钠盐($Na_2B_4O_7 \cdot 10H_2O$)。其水溶液由于水解而呈碱性,硼砂在铂丝小圈上加热时,先失去结晶水,然后熔化成透明玻璃状的"硼砂珠",此熔体能溶解各种金属氧化物,生成不同颜色的偏硼酸复盐,故常用来鉴别某些金属。

三、仪器、试剂及其他

1. 仪器

蒸发皿,漏斗,铂丝。

2. 试剂

酸:$HCl(2mol \cdot L^{-1},6mol \cdot L^{-1},$浓盐酸$),6mol \cdot L^{-1}H_2SO_4$。

碱:$2mol \cdot L^{-1}NaOH,2mol \cdot L^{-1}NH_3 \cdot H_2O$。

盐:$0.1mol \cdot L^{-1}NaH_2PO_4$,$0.1mol \cdot L^{-1}Na_2HPO_4$,$0.1mol \cdot L^{-1}Na_3PO_4$,$0.2mol \cdot L^{-1}CaCl_2$,$0.1mol \cdot L^{-1}AgNO_3$。

3. 其他

pH 试纸,滤纸,I_2 液,甘油,乙醇,0.01% 甲基橙,硼砂固体,As_2O_3 固体,CoO 固体,Cr_2O_3 固体。

四、实验内容

(一)正磷酸盐的性质

1. 酸碱性

用 pH 试纸分别测定 $0.1mol \cdot L^{-1}NaH_2PO_4$、$Na_2HPO_4$、$Na_3PO_4$ 溶液的酸碱性,它们的 pH 值有什么不同,为什么?

分别向两支试管中加入 0.5mL $0.1mol \cdot L^{-1}Na_2HPO_4$ 溶液和 $0.1mol \cdot L^{-1}NaH_2PO_4$ 溶液,再分别滴加 $0.1mol \cdot L^{-1}AgNO_3$ 溶液,是否有沉淀产生?写出反应式,并用 pH 试纸试验溶液的酸碱性。在 Na_2HPO_4 和 NaH_2PO_4 溶液中加入 $AgNO_3$ 后,溶液的酸碱性有什么改变?为什么?

2. 溶解度

分别在三支试管中加入 0.5mL $0.1mol \cdot L^{-1}$ Na_3PO_4、Na_2HPO_4、NaH_2PO_4 溶液,再各加入 0.5mL $0.2mol \cdot L^{-1}CaCl_2$ 溶液,是否有沉淀产生?再各加一些 $2mol \cdot L^{-1}NH_3 \cdot H_2O$,观察有何变化?最后各加入一些 $2mol \cdot L^{-1}HCl$,沉淀是否溶解?比较 $Ca_3(PO_4)_2$、$CaHPO_4$ 和 $Ca(H_2PO_4)_2$ 的溶解度,说明它们之间相互转化的条件,写出反应式,并加以解释。

(二)砷

1. 三氧化二砷的性质

(1)将少许 As_2O_3(极毒)溶于水(可微热),检验溶液的酸碱性。

（2）试验 As_2O_3 在 $6mol \cdot L^{-1}HCl$ 和浓 HCl 中的溶解情况。

（3）试验 As_2O_3 在 $2mol \cdot L^{-1}NaOH$ 中的溶解情况。保留溶液，供下面实验使用。

2. As（Ⅲ）的还原性和 As（Ⅴ）的氧化性

取少量由上面得到的 Na_3AsO_3 溶液，滴加 I_2 液，观察发生什么现象？然后将溶液用浓 HCl 酸化，又有何变化？写出反应式，并解释之。

AsO_4^{3-}、AsO_3^{3-} 的鉴定：在中性试验溶液中加入 $AgNO_3$ 溶液，AsO_4^{3-} 存在时生成棕色的 Ag_3AsO_4 沉淀，AsO_3^{3-} 存在时生成 Ag_3AsO_3 黄色沉淀。沉淀均能溶于氨水（Cl^- 干扰）。

注意：As_2O_3（俗称砒霜）是极毒物质，切勿入口或与伤口接触。

3. 硼

（1）硼酸的生成、性质及硼的颜色试验

①硼酸的生成：在试管中加 $1g$ $Na_2B_4O_7 \cdot 10H_2O$ 和 $5mL$ 蒸馏水，稍微加热使之溶解后，用 pH 试纸测试此溶液的酸碱性，并加以解释。

往硼砂溶液中加入 $1mL$ $6mol \cdot L^{-1}H_2SO_4$，并将试管放在冰水中冷却，不断搅拌，观察产物的颜色和状态，写出反应式。

②硼酸的性质：于试管中加入少量 H_3BO_3 固体和 $5mL$ 蒸馏水，微热之，使固体溶解。用 pH 试纸测试溶液的 pH 值，并往溶液中加 1 滴甲基橙指示剂，溶液变成什么颜色？

把试管中的溶液分成两份，一份作比较用，在另一份溶液中加 5 滴甘油，混匀，指示剂的颜色有什么变化？为什么？

③硼的焰色反应：在蒸发皿内加入少量硼砂固体、$1mL$ 乙醇和几滴浓硫酸，混合均匀后，点燃之，观察火焰的颜色有什么特征？写出反应式。这一反应可用来鉴定 H_3BO_3、$Na_2B_4O_7 \cdot 10H_2O$ 等含硼化合物。

（2）硼砂珠的制备和应用

①硼砂珠的制备：用 $2mol \cdot L^{-1}HCl$ 把顶端弯成小圈的铂丝洗净，在氧化焰中烧至无色，然后用铂丝蘸上一些硼砂固体，在氧化焰中灼烧和熔融成圆珠，观察硼砂珠的颜色和状态。

②用硼砂珠鉴定钴盐和铬盐：用烧红的硼砂珠分别蘸上少量 CoO（固体）和 Cr_2O_3（固体），熔融之，冷却后观察硼砂珠的颜色。

五、预习要求及思考题

（一）预习要求

1. 预习磷酸盐的性质、三价砷的还原性和五价砷的氧化性。

2. 预习硼、硼酸及硼酸化合物的性质。

（二）思考题

1. 钙的各种磷酸盐在水中的溶解度是怎样的？如何用实验证明。

2.试计算说明,为什么在 $3mol \cdot L^{-1}$ HCl 中,H_3AsO_4 能将 KI 氧化成 I_2;而在 $NaHCO_3$ 介质中能将 I_2 还原成 I^-? 写出反应式。

3.为什么硫酸能从硼砂中取代出硼酸? 加进甘油后,为什么硼酸溶液的酸度会变大。

实验十一　铬、锰、铁

一、实验目的

1.试验 $Cr(III)$、$Mn(II)$、$Fe(II、III)$ 氢氧化物的生成和性质。

2.试验铬、锰、铁各种主要氧化值之间的转化。

3.试验铬(VI)、锰(VII)化合物的氧化还原性以及介质对氧化还原反应的影响。

二、实验原理

铬、锰、铁依次属于 VI、VII 和 VIII 族元素,在化合物中,Cr、Mn 的最高氧化值和族数相等。Fe 的最高氧化值则小于族数。Cr 常见氧化值为 $+3$、$+6$;Mn 为 $+2$、$+4$、$+6$、$+7$;Fe 为 $+2$、$+3$。

$Cr(OH)_3$ 灰绿色,两性;$Mn(OH)_2$ 白色,碱性;$Fe(OH)_2$ 白色,碱性;$Fe(OH)_3$ 棕色,两性极弱;$Mn(OH)_2$ 和 $Fe(OH)_2$ 极易被空气氧化为 $MnO(OH)_2$(棕黑)和 $Fe(OH)_3$(棕)。

$Cr(III)$ 氧化成 $Cr(VI)$ 在碱性介质中进行,如:

$$2CrO_2^- + 3H_2O_2 + 2OH^- = 2CrO_4^{2-} + 4H_2O$$

$Cr(VI)$ 还原成 $Cr(III)$ 在酸性介质中进行,如:

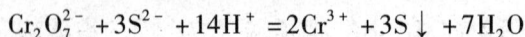
$$Cr_2O_7^{2-} + 3S^{2-} + 14H^+ = 2Cr^{3+} + 3S \downarrow + 7H_2O$$

铬酸盐和重铬酸盐在溶液中存在下列平衡:

$$2CrO_4^{2-} + 2H^+ \rightleftharpoons Cr_2O_7^{2-} + H_2O$$

加酸或碱可使平衡移动。一般多酸盐溶解度较单酸盐大,故在 $K_2Cr_2O_7$ 溶液中加入 Pb^{2+},实际生成 $PbCrO_4$ 黄色沉淀。

$Mn(VI)$ 由 MnO_2 和强碱在氧化剂 $KClO_3$ 的作用下加强热而制得,绿色锰酸钾溶液极易歧化:

$$3K_2MnO_4 + 2H_2O = 2KMnO_4 + MnO_2 \downarrow + 4KOH$$

K_2MnO_4 可被 Cl_2 氧化成 $KMnO_4$。

$KMnO_4$ 是强氧化剂,它的还原产物随介质酸碱性不同而异。在酸性溶液中 MnO_4^- 被还原成无色的 Mn^{2+},在中性溶液中被还原为棕色的 MnO_2 沉淀,在强碱性介质中被还原成绿色的 MnO_4^{2-}。

Fe^{3+} 和 Fe^{2+} 均易和 CN^- 形成配合物,Fe^{3+} 与 $[Fe(CN)_6]^{4-}$ 反应、Fe^{2+} 与 $[Fe(CN)_6]^{3-}$ 反

应均能生成蓝色沉淀,为$[KFe(CN)_6Fe]$。

三、试剂及其他

1. 试剂

酸:$6mol \cdot L^{-1} H_2SO_4$,$2mol \cdot L^{-1} H_2SO_4$,$2mol \cdot L^{-1} HAc$,$3\% H_2O_2$。

碱:$2mol \cdot L^{-1} NaOH$,$6mol \cdot L^{-1} NaOH$,KOH 固体。

盐:$0.1mol \cdot L^{-1} KCr(SO_4)_2$,$0.1mol \cdot L^{-1} K_2CrO_4$,$0.1mol \cdot L^{-1}$ $K_2Cr_2O_7$,$0.1mol \cdot L^{-1}$ $Pb(NO_3)_2$,$0.1mol \cdot L^{-1}$ KSCN,$2mol \cdot L^{-1}$ $(NH_4)_2S$,$0.1mol \cdot L^{-1}$ $MnSO_4$,$0.01mol \cdot L^{-1}$ $KMnO_4$,$0.1mol \cdot L^{-1}$ $FeCl_3$,$0.1mol \cdot L^{-1}$ KI,$0.1mol \cdot L^{-1}$ $K_4[Fe(CN)_6]$,$0.1mol \cdot L^{-1}$ $K_3[Fe(CN)_6]$,$0.1mol \cdot L^{-1}$ $(NH_4)_2Fe(SO_4)_2$,$KClO_3$ 固体,MnO_2 固体,Na_2SO_3 固体,$(NH_4)_2Fe(SO_4)_2 \cdot 6H_2O$固体,$PbO_2$ 固体。

2. 其他

$CHCl_3$ 或淀粉溶液,氯水。

四、实验内容

(一)铬(Ⅲ)化合物

1. $Cr(OH)_3$ 的产生

取两支试管,各注入 $0.1mol \cdot L^{-1} KCr(SO_4)_2$ 数滴和 $2mol \cdot L^{-1} NaOH2$ 滴,观察灰绿色 $Cr(OH)_3$ 沉淀生成。

2. $Cr(OH)_3$ 的两性

向上两试管中分别滴加 $6mol \cdot L^{-1} H_2SO_4$ 和 $6mol \cdot L^{-1} NaOH$,有何变化?

3. $Cr(Ⅲ)$ 被氧化

向上面制得的 $Cr(OH)_3$ 溶液中加入 $3\% H_2O_2$ 数滴并加热,观察变化现象,写出反应式。

(二)铬(Ⅵ)化合物

1. 溶液中 CrO_4^{2-} 与 $Cr_2O_7^{2-}$ 间的平衡移动

(1)取 $0.1mol \cdot L^{-1} K_2CrO_4$ 溶液数滴,用 $2mol \cdot L^{-1} H_2SO_4$ 酸化,观察颜色变化,再加入 $2mol \cdot L^{-1} NaOH$,颜色又有何变化?

(2)向 $0.1mol \cdot L^{-1} K_2Cr_2O_7$ 溶液中滴加 $0.1mol \cdot L^{-1} Pb(NO_3)_2$,观察 $PbCrO_4$ 沉淀的生成。

2. $Cr(Ⅵ)$ 的氧化性

将 $2mol \cdot L^{-1} (NH_4)_2S$ 滴加到酸化的 $0.1mol \cdot L^{-1} K_2Cr_2O_7$ 溶液中,微热,观察变化现象及颜色变化。

（三）锰（Ⅱ）化合物

1. Mn(OH)₂ 的生成和性质

在数滴 $0.1mol \cdot L^{-1} MnSO_4$ 溶液中,加数滴 $2mol \cdot L^{-1} NaOH$,立即观察现象,放置后再观察现象有何变化?

2. Mn(Ⅱ) 被氧化

往试管中加入少许 $PbO_2(s)$、$10mL\ 6mol \cdot L^{-1} H_2SO_4$ 及一滴 $0.1mol \cdot L^{-1} MnSO_4$,将试管用小火加热,小心振荡,静置后溶液转为紫红色,写出反应式,并用电极电势说明之。

（四）锰（Ⅵ）化合物

1. K₂MnO₄ 的生成

在一干燥试管中放一小粒 KOH 和约等体积的 $KClO_3$ 晶体,加热至熔结一起后,再加入少许 MnO_2,加热熔融,至熔结后,使试管口稍低于管底部,强热至熔块呈绿色,放置,待冷后加 4mL 水振荡使溶,溶液应呈绿色。写出反应式。

2. K₂MnO₄ 的歧化

取少量上面自制的 K_2MnO_4 溶液,加入稀醋酸,观察溶液颜色的变化和沉淀的生成。

3. K₂MnO₄ 被氧化

取少量上面自制的 K_2MnO_4 溶液,滴加新制氯水并微热,观察溶液颜色的变化。

（五）锰（Ⅶ）化合物

取三支试管,各加入 2 滴 $0.01mol \cdot L^{-1} KMnO_4$ 溶液,再分别加入数滴 $2mol \cdot L^{-1} H_2SO_4$、水、$6mol \cdot L^{-1} NaOH$,然后分别加入少许 Na_2SO_3 晶体。观察各试管所发生的现象。写出反应式,并作出介质对 $KMnO_4$ 还原产物的影响结论。

（六）铁（Ⅱ）化合物

向试管中加入 2mL 蒸馏水、$1 \sim 2$ 滴 $2mol \cdot L^{-1} H_2SO_4$（使酸化）,然后加几粒硫酸亚铁铵晶体;在另一支试管中煮沸 $1mL\ 2mol \cdot L^{-1} NaOH$,迅速加到硫酸亚铁铵的溶液中去（不要摇匀）,观察现象。然后振摇,静置片刻,观察沉淀颜色的变化,解释每步操作的原因和变化现象。

（七）铁（Ⅲ）化合物

1. 向 $0.1mol \cdot L^{-1} FeCl_3$ 溶液中滴加 $2mol \cdot L^{-1} NaOH$,观察现象并写出反应式。

2. 在 $0.1mol \cdot L^{-1} FeCl_3$ 溶液中,滴入 $0.1mol \cdot L^{-1} KI$ 溶液,观察现象,设法检验所得产物是什么?

（八）Fe(Ⅱ)、Fe(Ⅲ)的配合物

1. 在数滴 $0.1\,mol \cdot L^{-1}$ $FeCl_3$ 溶液中,滴加 $0.1\,mol \cdot L^{-1}$ $K_4[Fe(CN)_6]$,观察普鲁士蓝色沉淀形成。

2. 在数滴 $0.1\,mol \cdot L^{-1}$ $(NH_4)_2Fe(SO_4)_2$ 溶液中,滴加 $0.1\,mol \cdot L^{-1}$ $K_3[Fe(CN)_6]$,观察藤氏蓝色沉淀的形成。

3. 在数滴 $0.1\,mol \cdot L^{-1}$ $(NH_4)_2Fe(SO_4)_2$ 溶液中,加入 1 滴 $2\,mol \cdot L^{-1}$ H_2SO_4 及 $0.1\,mol \cdot L^{-1}$ KSCN 溶液数滴,观察有无变化? 然后再滴加 3% H_2O_2 溶液数滴,观察颜色的变化。写出反应式。

五、实验注意事项

1. 在试验 Cr^{3+} 还原性时,H_2O_2 为氧化剂,有时溶液会出现褐红色,这是由于生成过铬酸钠的缘故。

$$2CrCl_3 + 3H_2O_2 + 10NaOH = 2Na_2CrO_4 + 6NaCl + 8H_2O$$
黄色

$$2Na_2CrO_4 + 2NaOH + 7H_2O_2 = 2Na_3CrO_8 + 8H_2O$$
褐红色

2. 在酸性溶液中,MnO_4^- 被还原成 Mn^{2+} 时有时会出现 MnO_2 的棕色沉淀,这是因为溶液的酸度不够及 $KMnO_4$ 过量,与生成的 Mn^{2+} 反应所致:

$$2MnO_4^- + 3Mn^{2+} + 2H_2O = 5MnO_2 \downarrow + 4H^+$$

3. $[Fe(H_2O)_6]^{3+}$ 呈淡紫色,由于水解生成 $[Fe(H_2O)_5(OH)]^{2+}$ 而使溶液呈棕黄色。

六、预习要求及思考题

（一）预习要求

1. 复习无机化学教材中有关铬和锰的各种主要化合物的重要性质,着重弄清各种氧化值之间的转化条件。

2. 复习教材中有关铁系元素的内容,着重弄清 +2 和 +3 两种氧化值稳定性的变化规律和互相转化的条件,有关配合物的性质和重要反应。

（二）思考题

1. 怎样实现 $Cr^{3+} \longrightarrow Cr(OH)_4^- \rightarrow CrO_4^{2-} \rightarrow Cr_2O_7^{2-} \rightarrow CrO_5 \rightarrow Cr^{3+}$ 的转化? 怎样实现 $Mn^{2+} \rightarrow MnO_2 \rightarrow MnO_4^{2-} \rightarrow MnO_4^- \rightarrow Mn^{2+}$ 的转化? 各用反应方程式表示之。

2. 如何鉴定 Cr^{3+} 或 Mn^{2+} 的存在?

3. 怎样存放 $KMnO_4$ 溶液? 为什么?

4.试用两种方法实现 Fe^{3+} 和 Fe^{2+} 的相互转化。

实验十二 铜、银、汞

一、实验目的

1.试验 $Cu(II)$、$Ag(I)$、$Hg(II)$ 氢氧化物和氧化物的生成和性质。
2.试验 Cu、Ag、Hg 的硫化物、氨合物、碘化物的生成和性质。
3.试验 $Cu(II)$、$Ag(I)$、$Hg(II)$、$Hg(I)$ 的氧化性。

二、实验原理

Cu、Ag、Hg 属 IB 和 IIB 族元素。在化合物中的氧化值 Ag 一般为 $+1$，Cu、Hg 有 $+1$ 和 $+2$ 两种。Cu^+ 在溶液中自发歧化，Hg_2^{2+} 在加入 Hg^{2+} 配合剂或沉淀剂时才歧化。

$Cu(II)$ 氢氧化物呈两性偏碱，$Ag(I)$、$Hg(II)$ 氧化物呈碱性，$Hg(I)$ 本身不存在氢氧化物或氧化物，当 Hg_2^{2+} 遇碱后，立即歧化为 HgO 和 Hg(黑)。

CuS、Ag_2S、HgS 均为黑色，不溶于水和酸，CuS 和 Ag_2S 溶于 HNO_3，而 HgS 则需王水才溶，但 HgS 溶于过量 Na_2S 溶液，生成 HgS_2^{2-} 配离子。

$[Cu(NH_3)_4]^{2+}$ 深蓝色，$[Ag(NH_3)_2]^+$ 无色，Hg^{2+} 与 NH_3 水在一般条件下只能生成白色 $HgNH_2Cl(s)$，而 Hg_2^{2+} 遇氨水则歧化为 $HgNH_2Cl(s)$ 和 Hg(黑色)。

$AgI(s)$(黄色)和 $HgI_2(s)$(红色)在过量 KI 溶液中，分别转变成 $[AgI_2]^-$(无色)和 $[HgI_4]^{2-}$(无色)，Hg_2I_2(草绿色)在过量 KI 溶液中歧化为 $[HgI_4]^{2-}$ 和 Hg(黑色)；Cu^{2+} 可将 I^- 氧化为 I_2，本身还原为 $CuI(s)$(白色)，CuI 在过量 KI 溶液中也可生成 $[CuI_2]^-$。

$Cu(II)$、$Ag(I)$、$Hg(II)$、$Hg(I)$ 都有一定的氧化性，分别以下列反应式表示之：

$$2[Cu(OH)_4]^{2-} + HCHO \Longrightarrow HCOO^- + Cu_2O(s) + 3OH^- + 3H_2O$$

（蓝）　　甲醛　　　甲酸根　　（红）

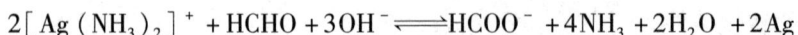

$$2[Ag(NH_3)_2]^+ + HCHO + 3OH^- \Longrightarrow HCOO^- + 4NH_3 + 2H_2O + 2Ag$$

（无色）　　甲醛　　　　　甲酸根　　　　　（银镜）

$$2Hg^{2+} + 6Cl^- + Sn^{2+} \Longrightarrow SnCl_4 + Hg_2Cl_2(s)$$

（白色）

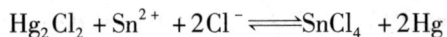

$$Hg_2Cl_2 + Sn^{2+} + 2Cl^- \Longrightarrow SnCl_4 + 2Hg$$

（黑色）

三、仪器、试剂及其他

1. 仪器

离心机,水浴箱。

2. 试剂

酸:6mol·L^{-1}HCl,浓HCl,浓HNO$_3$,6mol·L^{-1}HNO$_3$,6mol·L^{-1}H$_2$SO$_4$,饱和H$_2$S。

碱:6mol·L^{-1}NaOH,2mol·L^{-1}NaOH,2mol·L^{-1}氨水。

盐:0.1mol·L^{-1}CuSO$_4$,0.1mol·L^{-1}AgNO$_3$,0.1mol·L^{-1}Hg(NO$_3$)$_2$,0.1mol·L^{-1}Hg$_2$(NO$_3$)$_2$,0.1mol·L^{-1}HgCl$_2$,0.1mol·L^{-1}KI,0.1mol·L^{-1}NaCl,0.1mol·L^{-1}SnCl$_2$,Hg$_2$Cl$_2$固体,2mol·L^{-1}Na$_2$S。

3. 其他

氯仿,10%甲醛溶液,铜片,砂纸。

四、实验内容

(一)Cu^{2+}、Ag$^+$、Hg^{2+}、Hg$_2^{2+}$ 与 NaOH 的反应

分别试验0.1mol·L^{-1}CuSO$_4$、AgNO$_3$、Hg(NO$_3$)$_2$、Hg$_2$(NO$_3$)$_2$溶液与2mol·L^{-1}NaOH溶液的作用,观察沉淀的颜色和形态,再将上述沉淀分别分成两份,一份试验对6mol·L^{-1}HNO$_3$的作用,一份试验对6mol·L^{-1}NaOH的作用,列表比较Cu^{2+}、Ag$^+$、Hg^{2+}、Hg$_2^{2+}$与NaOH反应的产物及产物的酸碱性有何不同。

(二)Cu^{2+}、Ag$^+$、Hg^{2+} 与 H$_2$S 的反应

分别试验0.1mol·L^{-1}CuSO$_4$、AgNO$_3$、Hg(NO$_3$)$_2$溶液与饱和H$_2$S溶液的作用,观察沉淀的颜色,离心分离,洗涤沉淀一次,弃去上清液。分别试验这些硫化物能否溶于Na$_2$S试液和6mol·L^{-1}HCl试液。如不溶于6mol·L^{-1}HCl,再试验能否溶于6mol·L^{-1}冷或热的HNO$_3$溶液,最后把不溶于HNO$_3$的沉淀与王水反应(王水自行配制)。参考这几种硫化物的溶度积及有关数据,解释上述实验现象并列表比较。

(三)Cu^{2+}、Ag$^+$、HgCl$_2$、Hg$_2$Cl$_2$ 与氨水的反应

分别试验0.1mol·L^{-1}CuSO$_4$、AgNO$_3$、HgCl$_2$及少许Hg$_2$Cl$_2$晶体与2mol·L^{-1}氨水的作用,加少量氨水,生成什么?加过量氨水,又会发生什么变化?写出反应式。

(四)Cu^{2+}、Ag$^+$、Hg^{2+}、Hg$_2^{2+}$ 与 KI 的反应

1. 在数滴0.1mol·L^{-1}CuSO$_4$溶液中滴加0.1mol·L^{-1}KI溶液,离心分离,倾出上清液,检验此溶液中是否含I$_2$?再把沉淀洗涤1~2次,观察沉淀的颜色。

2. 分别试验0.1mol·L^{-1}AgNO$_3$、Hg(NO$_3$)$_2$、Hg$_2$(NO$_3$)$_2$与0.1mol·L^{-1}KI试液的作

用,加少量 KI 生成什么? 加过量 KI 有无变化? 写出反应式。

(五)铜、银、汞化合物的氧化还原性

1. 在数滴 $0.1mol \cdot L^{-1} CuSO_4$ 溶液中,加入过量 $6mol \cdot L^{-1} NaOH$ 和适量 10% 甲醛溶液,振摇匀后,在水浴上加热,注意观察变化,写出反应式,指出何为氧化剂? 何为还原剂?

2. 将上面所得的沉淀,洗涤两次,至洗液不显蓝色,再向此沉淀滴加 $6mol \cdot L^{-1} H_2SO_4$,振荡试管直至大部分沉淀溶解,观察溶液和沉淀颜色的转变,写出反应式。

3. 在一支洁净的试管中,加入 $1mL$ $0.1mol \cdot L^{-1} AgNO_3$ 溶液,再滴加 $2mol \cdot L^{-1} NH_3$ 水至初生成的白色沉淀溶解后,再多加数滴,然后加 2 滴 10% 甲醛溶液,并把试管放在水浴中加热,观察试管壁上生成的银镜。

4. 滴一滴 $0.1mol \cdot L^{-1} HgCl_2$ 溶液于光亮的铜片上,静置片刻,用水冲去溶液,用滤纸擦拭,观察白色光亮的斑点生成。

5. 在两只试管中各加两滴 $0.1mol \cdot L^{-1} Hg(NO_3)_2$ 和 $0.1mol \cdot L^{-1} Hg_2(NO_3)_2$,再分别滴入两滴 $0.1mol \cdot L^{-1} NaCl$ 溶液,观察有何现象? 再分别滴加 $0.1mol \cdot L^{-1} SnCl_2$,观察颜色的变化,$Hg_2^{2+}$ 和 Hg^{2+} 有何区别?

五、实验注意事项

1. H_2S、Na_2S、$SnCl_2$ 应在使用前配制。
2. 银镜反应使用的试管应事先清洗干净。

六、预习要求及思考题

(一)预习要求

1. 认真预习 Cu(Ⅱ)、Ag(Ⅰ)、Hg(Ⅱ) 的氧化物或氢氧化物的酸碱性。
2. 预习 Cu、Ag、Hg 硫化物、氨合物、碘化物的性质。
3. 预习 Cu(Ⅱ)、Ag(Ⅰ)、Hg(Ⅱ)、Hg(Ⅰ) 的氧化性。
4. 预习 Cu(Ⅰ) 和 Cu(Ⅱ) 相互转化的条件。

(二)思考题

1. 将 NaOH 溶液分别加入 Ag^+、Cu^{2+}、Zn^{2+}、Hg^{2+}、Hg_2^{2+} 溶液中,是否都得到相应的氢氧化物?

2. 为何 HgS 能溶于 Na_2S 溶液和王水而不溶于 HNO_3?

3. 将氨水分别加入 Ag^+、Cu^{2+}、Hg^{2+} 和 Hg_2^{2+} 溶液中是否都得到对应的氨配合物?

4. 将 KI 溶液分别加入 Ag^+、Cu^{2+}、Hg^{2+}、Hg_2^{2+} 溶液中,哪些能产生沉淀反应? 哪些又能形成配合物? 哪些还能发生氧化还原反应?

综合、设计实验

综 合 实 验

实验十三　碳酸钠溶液的配制和浓度标定的训练

一、实验目的

1. 了解配制一定浓度溶液的方法。
2. 熟悉用滴定法测定溶液浓度的原理和操作方法。
3. 学习滴定管的使用。

二、实验原理

　　配制一定浓度溶液的方法有多种,通常可根据溶质的性质来选定。某些易于提纯而性质稳定的物质(Na_2CO_3 等),可以精确称取其纯固体,并通过容量瓶等仪器直接制成所需浓度的溶液。某些不易提纯的物质(如 NaOH 等),可先配制成近似浓度的溶液,然后用已知一定浓度的标准溶液来测定它的浓度。

　　溶液浓度的滴定:用移液管或滴定管准确量取一定体积的待测溶液,然后由滴定管放出已知准确浓度的标准溶液,使它们相互作用达到反应的计量点,并由此计算出待测溶液的浓度,这种操作称为滴定。

　　反应终点通常是利用指示剂来确定的,指示剂应在反应计量点附近有明显的颜色变化。本实验是用 HCl 滴定 Na_2CO_3,可用甲基橙作指示剂,甲基橙在碱性溶液中显黄色,在酸性溶液中显红色。滴定初始时,由于 Na_2CO_3 水解后显碱性,溶液显黄色,当全部 Na_2CO_3 与 HCl 作用完毕时,只要有一滴 HCl 溶液过量,溶液就显酸性,甲基橙即由黄色变为橙色。表明此时该反应已达到化学计量点。该滴定反应的反应式为:

$$Na_2CO_3 + 2HCl = 2NaCl + CO_2 \uparrow + H_2O$$

其碳酸钠浓度计算公式为:

$$c_{Na_2CO_3} = \frac{1}{2} \times \frac{c_{HCl} V_{HCl}}{V_{Na_2CO_3}}$$

由于 HCl 的浓度、体积及 Na_2CO_3 的体积都是已知的,则 Na_2CO_3 溶液的浓度即可求出。

三、仪器和试剂

1. 仪器

量筒(100mL),酸式滴定管(50mL),移液管(25mL),烧杯(400mL),锥形瓶(250mL)3 个,洗耳球,洗瓶,滴定台(或铁架台),台秤(公用),滴定管夹(蝴蝶夹),玻璃棒。

2. 试剂

Na_2CO_3(A. R),甲基橙指示剂,HCl 标准溶液($0.1000 mol \cdot L^{-1}$)。

四、实验内容

(一) Na_2CO_3 溶液的配制

本溶液只需配成近似浓度。用台秤称取约 $1.3 \sim 1.4 g$ 无水 Na_2CO_3(称准至小数点后第一位),置于 400mL 烧杯中,用量筒准确量取蒸馏水 250ml,沿玻璃棒小心倒入烧杯,搅拌使 Na_2CO_3 溶解并混合均匀,备用。

(二)酸式滴定管的准备

先将滴定管用自来水冲洗,并检查是否漏液,旋塞转动是否灵活,如漏液,应卸下旋塞,洗净,擦干,重新涂上凡士林。再将酸式滴定管用蒸馏水洗净,并以 HCl 标准溶液润洗三次,注意旋塞及旋塞下部也应洗净。加入 HCl 标准溶液,调整液面在滴定管"0"刻度线附近,记下液面凹处位置,作为起点读数。

(三)Na_2CO_3 溶液浓度的标定

1. 取一支洁净的 25mL 移液管,先用蒸馏水润洗三次,再用移液管吸取少量所配的 Na_2CO_3 溶液润洗三次。用洗过的移液管准确移取 25.00mL Na_2CO_3 溶液至锥形瓶中,加入 1 滴甲基橙指示剂,边摇动锥形瓶,边滴加 HCl 标准溶液,至甲基橙由黄色变为橙色反应到达终点,停止滴加 HCl 标准溶液(临近终点前应使用洗瓶冲洗瓶壁以保证 Na_2CO_3 滴定准确),读数并记录此时滴定管中 HCl 标准溶液的体积计算出本次滴定所用 HCl 标准溶液的量。

2. 重复滴定两次,三次滴定所用 HCl 标准溶液的体积,相差应不超过 0.1mL(超过应再重新滴定),取平均值作为反应所用 HCl 标准溶液的体积。

五、实验注意事项

1. 注意滴定时一定要逐滴加入 HCl 标准溶液,并且要边摇动锥形瓶边滴加,以免 HCl 溶液局部浓度过高,或加入 HCl 过量,造成"滴过"。

2. 实验中有时会出现"假终点"现象,即在滴定时由于生成 CO_2,使提前到达滴定终点,这种现象称为"假终点"。克服假终点可将试液加热除去 CO_2,溶液由橙色又变为黄色,稍放冷后,继续滴加 HCl 标准溶液,再次到达终点后,才是真正的滴定终点。

六、预习要求及思考题

(一)预习要求

1. 预习"玻璃量器的使用"和天平的使用。
2. 预习酸碱滴定的基本原理。

(二)思考题

怎样洗涤滴定管、移液管,为什么要在使用前用标准溶液润洗? 锥形瓶是否也应如此操作?

实验十四　滴定法测定醋酸银的溶度积

一、实验目的

1. 掌握滴定法测定醋酸银溶度积常数的原理。
2. 熟练运用移液管、滴定管、过滤等操作技术。

二、实验原理

在一定温度下,难溶电解质在水溶液中存在沉淀－溶解平衡。例如,有一难溶化合物达到固－液两相平衡时:

$$A_mB_n(固) = mA^{n+} + nB^{m-}$$

根据化学平衡定律,此平衡常数为:$K_{SP}^{\theta} = [A^{n+}]^m[B^{m-}]^n$,$K_{SP}^{\theta}$ 称为活度积常数,简称活度积。

本实验用硝酸银($AgNO_3$)和醋酸钠($NaAc$)反应生成醋酸银沉淀,并使沉淀和其饱和溶液中的离子达到平衡。过滤沉淀后,以铁铵矾溶液($[NH_4Fe(SO_4)_2]$)作指示剂,用已知浓度的 NH_4SCN 溶液($0.1000mol \cdot L^{-1}$)滴定一定量的滤液至,出现恒定的浅红色为终点。根据消耗 NH_4SCN 的体积,可算出沉淀溶解平衡时溶液中的 $[Ag^+]$,再根据实验开始时所加入 $AgNO_3$ 和 $NaAc$ 的量,进而求得平衡时的 $[Ac^-]$,K_{SP}^{θ},$AgAc = [Ag^+][Ac^-] = 4.4 \times 10^{-3}$。

实验反应如下:$AgNO_3 + NaAc = AgAc \downarrow + NaNO_3$

终点前:$Ag^+ + SCN^- \approx AgSCN \downarrow (白)$

终点后:$Fe^{3+} + 3SCN^- \approx Fe(SCN)_3(棕红色)$

注:在酸性溶液中,以 Fe^{3+} 为指示剂,用 NH_4SCN 或 $KSCN$ 为标准溶液滴定 Ag^+ 的方法称为铁铵矾指示剂法。

三、仪器和试剂

1. 仪器

锥形瓶、漏斗、滴定管、移液管(25mL)、烧杯、洗耳球。

2. 试剂

0.2mol·L^{-1}的硝酸银(AgNO$_3$)、0.2mol·L^{-1}醋酸钠、铁铵矾批示剂、6mol·L^{-1}硝酸(HNO$_3$)、0.1mol·L^{-1}硫氰酸铵(NH$_4$SCN)

四、实验内容

1. 从酸式滴定管中放出 20mL 和 30mL 硝酸银(AgNO$_3$)于 250mL 干燥锥形瓶①和②中,用碱式管加入 0.2000mol·L^{-1}NaAc 溶液 40mL 于①号锥形瓶中;加 30mL 于②号锥形瓶中,使①②号瓶中均有 60mL 的溶液。轻轻摇动锥形瓶 30 分钟,使沉淀完全,达到平衡。注意装液体时两次误差不得超过 0.5mL。

2. 用干燥滤纸过滤,滤液分别装在两个干燥的小烧杯中(100mL 或 75mL)。注意:滤液必须完全澄明,否则要重新过滤。

3. 用移液管吸取①②号滤液各 25mL 分别放入另外两个锥形瓶中,加入 2mL(约 40 滴)铁铵矾指示剂和 5mL 6mol·L^{-1}的 HNO$_3$,如果溶液显红色(由于 Fe^{3+}水解),必须再加 6mol·L^{-1}HNO$_3$直到无色。目的是抑制三价铁的水解。

4. 以 NH$_4$SCN(0.1000mol·L^{-1})滴定至浅棕红色,记录用量。重复操作步骤 3、4 记录②号滤液的 NH$_4$SCN 的用量。

五、实验数据记录与处理

1. 记录数据

实验序号	①号	②号
AgNO$_3$(0.2000mol·L^{-1})(mL)	20.00	30.00
NaAc(0.2mol·L^{-1})(mL)	40.00	30.00
混合物总体积(mL)	60.00	60.00
滴定时混合物用量(mL)	25.00	25.00
NH$_4$SCN(mol·L^{-1})	0.1000	0.1000
所需的 NH$_4$SCN 溶液(mL)		
混合液中[Ag$^+$]的总浓度		
混合液中的[Ac$^-$]的总浓度		
与固体 AgAc 达到平衡后[Ag$^+$]		
与固体 AgAc 达到平衡后[Ac$^-$]		
浓度积常数 K_{SP}^{θ}		

2. 计算

(1) 混合液(包括沉淀)中的$[Ag^+][Ac^-]$。

$$[Ag^+]_混 = [Ag^+] \times Ag^+(mL)/60mL \quad [Ac^-]_混 = [Ac^-] \times Ac^-(mL)/60mL$$

(2) 与固体 AgAc 达到平衡后的$[Ag]_平^+$。

$$[Ag^+]_平 = [Ag^+]_余 = [SCN^-] \times V_{SCN^-}(mL)/VAg^+(mL)$$

(3) 与固体 AgAc 达到平衡后的$[Ac]_平^-$。

$$[Ac^-]_平 = [Ac^-]_混 - [Ac^-]_沉$$

因为$[Ag^+]_沉 = [Ac^-]_沉$　　$[Ag^+]_沉 = [Ag^+]_混 - [Ag^+]_余$

所以$[Ac]_沉 = [Ag^+]_混 - [Ag]_余$

(4) $K_{SP,AgAc}^\theta = [Ag^+]_余[Ac^-]_余 = [Ag^+]_平[Ac^-]_平$

六、实验注意事项

1. 部分仪器需要保持干燥。

2. 首滤液 2~3mL 弃去不用。

七、思考题

1. 何谓K_{SP}^θ？若在难溶电解质的溶液中加入含有相同离子的易溶强电解质时，K_{SP}^θ是否发生变化？

2. 滴定时为何以铁铵钒作指示剂，为何还须加入硝酸？

3. 本实验中使用的仪器哪些是需要干燥的？为什么？

4. 以实验所得的数值，如何求出 AgAc 的K_{SP}^θ？

实验十五　银氨配离子配位数的测定

一、实验目的

应用已学的配合平衡及溶度积原理等知识，测定银氨配离子$[Ag(NH_3)_n]^+$的配位数n；测定$[Ag(NH_3)_n]^+$的稳定常数$K_稳^\ominus$。

二、实验测定原理

往含有一定量 KBr 和NH_3的水溶液中滴加$AgNO_3$溶液，直到刚出现的 AgBr 沉淀不消失(溶液混浊)为止。在此混合溶液中同时存在着配合平衡和沉淀、溶解平衡；

$$Ag^+ + nNH_3 \rightleftharpoons [Ag(NH_3)_n]^+$$

$$K_稳^\ominus = \frac{c_{eq}[Ag(NH_3)_n^+]}{c_{eq}(Ag^+)[c_{eq}(NH_3)]^n} \tag{1}$$

$$Ag^+ + Br^- \rightleftharpoons AgBr\downarrow$$

$$K_{sp}^{\ominus} = c_{eq}(Ag^+) \cdot c_{eq}(Br^-) \tag{2}$$

作为配合剂的 NH_3 和沉淀剂 Br^- 同时争夺溶液中的 Ag^+,在一定条件下,建立配合 – 沉淀竞争平衡:

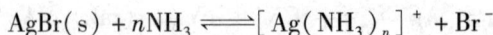

$$AgBr(s) + nNH_3 \rightleftharpoons [Ag(NH_3)_n]^+ + Br^-$$

(1) × (2) 得

$$K^{\ominus} = \frac{c_{eq}[Ag(NH_3)_n^+] \cdot c_{eq}(Br^-)}{[c_{eq}(NH_3)]^n} = K_{稳}^{\ominus} \cdot K_{sp}^{\ominus}$$

整理上式得

$$c_{eq}[Ag(NH_3)_n^+] \cdot c_{eq}(Br^-) = K^{\ominus} \cdot [c_{eq}(NH_3)]^n$$

两端取对数即得直线方程:

$$\lg c_{eq}[Ag(NH_3)_n^+] \cdot c_{eq}(Br^-) = \lg K^{\ominus} + n\lg c_{eq}(NH_3)$$

将 $\lg c_{eq}[Ag(NH_3)_n^+] \cdot c_{eq}(Br^-)$ 对 $\lg c_{eq}(NH_3)$ 作图,可得一条直线,其斜率即为 $[Ag(NH_3)_n]^+$ 的配位数 n。由截距 $\lg K^{\ominus}$ 求得 $K^{\ominus}$ 后,根据 $K_{sp}^{\ominus}(AgBr)$ 的数值,可计算出 $[Ag(NH_3)_n]^+$ 的稳定常数 $K_{稳}^{\ominus}$。

$c_{eq}(Br^-)$、$c_{eq}(NH_3)$、$c_{eq}[Ag(NH_3)_n^+]$ 皆指平衡时的浓度,可近似地按以下方法计算:

设平衡体系中,最初所取的 KBr 溶液和氨水的体积分别为 $V(Br^-)$、$V(NH_3)$,浓度分别为 $c(Br^-)_0$、$c(NH_3)_0$,加入 $AgNO_3$ 溶液的体积为 $V(Ag^+)$,浓度为 $c(Ag^+)_0$,混合溶液的总体积为 $V_{总}$,则:

$$V_{总} = V(Br^-) + V(NH_3) + V(Ag^+)$$

$$c_{eq}(Br^-) = c(Br^-)_0 \cdot \frac{V(Br^-)}{V_{总}}$$

$$c_{eq}(NH_3) = c(NH_3)_0 \cdot \frac{V(NH_3)}{V_{总}}$$

$$c_{eq}[Ag(NH_3)_n^+] = c(Ag^+)_0 \cdot \frac{V(Ag^+)}{V_{总}}$$

三、仪器,试剂及其他

仪器:25mL 移液管,酸式滴定管,碱式滴定管,250mL 锥形瓶,滴定台。

试剂:KBr($0.010mol \cdot L^{-1}$),$NH_3 \cdot H_2O$($2.00mol \cdot L^{-1}$)、$AgNO_3$($0.010mol \cdot L^{-1}$)

四、实验内容

用酸式滴定管(最好是棕色的)盛装 $0.010mol \cdot L^{-1}$ $AgNO_3$ 溶液,用碱式滴定管盛装 $2.00mol \cdot L^{-1}$ $NH_3 \cdot H_2O$,把液面调至刻度零,夹在滴定台上。

用移液管移取 25mL 已知准确浓度的 KBr 溶液,加到洗净烘干的 250mL 锥形瓶内,由碱式滴定管加入 12.0mL $NH_3 \cdot H_2O$ 后。再从酸式滴定管中滴入 $0.010mol \cdot L$ $AgNO_3$ 溶液，不断振荡锥形瓶，刚开始出现不消失的混浊时，停止滴定。记录所用 $AgNO_3$ 溶液的体积 $V_1(Ag^+)$，加入的 $V(Br^-) = 25.0mL$，$V(NH_3) = 12.0mL$。这是第一次滴定。

继续向上述锥形瓶中加入 $NH_3 \cdot H_2O$ 3.0mL，使两次所加 $NH_3 \cdot H_2O$ 的累计体积 $V(NH_3)$ 为 15.0mL，然后继续滴加 $AgNO_3$ 溶液，同样滴至刚出现不消失的混浊为止，记录两次累计用去 $AgNO_3$ 溶液的体积 $V_2(Ag^+)$，$V(Br^-) = 25.0mL$，$V(NH_3) = 15.0mL$。这是第二次滴定。

继续滴定 4 次，记录加入 $NH_3 \cdot H_2O$ 体积，累计分别为 19.0mL、24.0mL、31.0mL、45.0mL 时，滴入 $AgNO_3$ 溶液的各次累计体积 $V_3(Ag^+)$、$V_4(Ag^+)$、$V_5(Ag^+)$、$V_6(Ag^+)$。

计算各次滴定中的 $c_{eq}(Br^-)$、$c_{eq}[Ag(NH_3)_n^+]$、$c_{eq}(NH_3)$、$lgc_{eq}(NH_3)$ 及 $lgc_{eq}[Ag(NH_3)_n^+] \cdot c_{eq}(Br^-)$，计算结果填入下表。

滴定序号						
$V(Br^-)(mL)$						
$V(NH_3)(mL)$						
$V(Ag^+)(mL)$						
$c_{eq}(Br^-)(mol \cdot L^{-1})$						
$c_{eq}(NH_3)(mol \cdot L^{-1})$						
$c_{eq}[Ag(NH_3)_n^+](mol \cdot L^{-1})$						
$lgc_{eq}[Ag(NH_3)_n^+] \cdot c_{eq}(Br^-)$						
$lgc_{eq}(NH_3)$						

五、注意事项

1. 本实验用的锥形瓶必须是干燥的，量取 KBr 溶液的体积时要非常准确，如瓶壁不干或 KBr 取量稍不准确，将会影响 $AgNO_3$ 用量及 $V_总$，从而影响 n 值。

2. 滴定终点的确定也很重要，要以刚产生白色混浊又不消失为止。在接近出现混浊时要 1 滴或 1/2 滴地加入 $AgNO_3$ 溶液。

六、预习要求及思考题

(一)预习要求

1. 阅读实验教材中有关内容。

2. 明确实验目的、原理、操作及注意事项。

3. 查阅有关资料，获得本实验所需要的 $K_{sp}^\ominus(AgBr)$。

(二)思考题

1. 本实验中所用锥形瓶为什么必须取用干燥的，并且滴定过程中也不能用水冲洗瓶壁?

2.滴定时,若加入的 $AgNO_3$ 溶液已过量,有无必要弃去瓶中溶液,重新进行滴定?

3.实验中 KBr 溶液取量为什么必须准确?

实验十六　磺基水杨酸合铜配合物的组成及其稳定常数的测定

一、实验目的

1.了解光度法测定配合物的组成及稳定常数的原理和方法。pH = 5 时磺基水杨酸铜的组成及其稳定常数。

2.学习分光光度计的使用。

二、实验原理

磺基水杨酸($HO\!-\!\bigcirc\!-\!SO_3H$,H_3R)与 Cu^{2+} 可以形成稳定的配合物。配合物的组成因溶液 pH 值的不同而改变。本实验是测定 pH = 5 时,磺基水杨酸合铜配合物的组成及其稳定常数。

测定配合物的组成常用光度法。当一束波长一定的单色光通过有色溶液时,一部分光被溶液吸收,一部分光透过溶液。对光的被溶液吸收和透过程度,通常有两种表示方法:

一种是用透光率,用 T 表示。即透过光的强度 I_i 与入射光的强度 I_o 之比

$$T = (I_i/I_o)$$

另一种是用吸光度 D(又称消光度,光密度)来表示。它是取透光率的负对数。

$$D = -\lg(I_i/I_o)$$

D 值大,表示光被有色溶液吸收的程度大,反之 D 值小,光被溶液吸收的程度小。

由于所测溶液中磺基水杨酸是无色的,Cu^{2+} 溶液的浓度很稀,也可认为是无色的,几乎不吸收光,只有磺基水杨酸铜离子(MR_n)是有色的。根据朗伯-比尔定律,$D = \varepsilon cL$,当波长一定,溶液的温度及比色皿(溶液的厚度)均一定时,溶液的吸光度只与配离子的浓度成正比。通过对溶液吸光度的测定,可以求出该配离子的组成。

光度法测定配离子组成时,常用等摩尔连续变化法(也叫浓比递变法)。即:保持溶液中金属离子的浓度 $c(M)$ 与配体的浓度 $c(R)$ 之和不变的前提下,改变 $c(M)$ 与 $c(R)$ 的相对量,配制成一系列溶液,并测定相应的吸光度。以吸光度为纵坐标,以 $c(R)$ 在总浓度中所占分数为横坐标,得一曲线(如图 35)。显然,在这一系列溶液中,有一些溶液的金属离子是过量的,而另一些溶液配体是过量的。在这两部分溶液中,配离子的浓度都不可能

达到最大值。只有当溶液中金属离子与配体的摩尔数之比与配离子的组成相一致时,配离子的浓度才能最大。由于中心离子和配体基本无色,只有配离子有色,所以配离子的浓度越大,溶液颜色就越深,其吸光度也就越大。

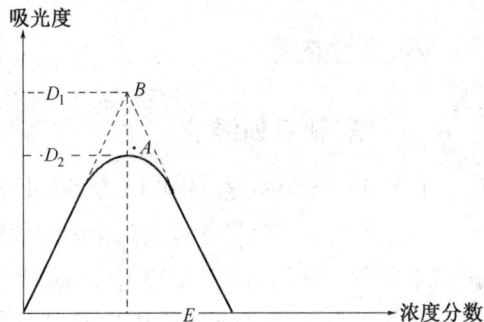

图35　吸光度-组成图

如图 35 所示,将曲线两边的直线延长相交于 B 点,B 点对应的吸光度最大,由 B 点对应的横坐标值 E 可以计算配离子中金属离子与配体的配位比,即可求出配离子 MR_n 中配体的数目 n。

由图 35 可看出,最大点 B 可被认为是 M 和 R 全部形成配合物时的吸光度,其值为 D_1。由于配离子有一部分离解,其浓度要稍小一些,所以实验测得的最大吸光度在 A 点,其值为 D_2,因此配离子的离解度 α 可表示为

$$\alpha = \frac{D_1 - D_2}{D_1}$$

配离子的表观 K 可由以下平衡关系导出:

$$M + nR = MR_n$$

平衡浓度　　　　　　　　$c\alpha \quad c\alpha \quad c(1 - \alpha)$

$$K = \frac{c_{eq}(MR_n)/c^\ominus}{[c_{eq}(M)/c^\ominus] \cdot [c_{eq}(R)/c^\ominus]^n} = \frac{[c(1-\alpha)]/c^\ominus}{c\alpha/c^\ominus \cdot [c\alpha/c^\ominus]^n} = \frac{1-\alpha}{(c/c^\ominus)^n \alpha^{n+1}}$$

式中 c 为 B 点时 M 的浓度。

三、仪器、试剂及其他

1. 仪器

可见分光光度计,pH 计,烧杯,容量瓶(50mL),吸管(5mL 带刻度),移液管(10mL)。

2. 试剂

酸:0.050mol·L^{-1}磺基水杨酸,0.01mol·L^{-1}HNO$_3$。

碱:1.0mol·L^{-1}NaOH,0.05mol·L^{-1}NaOH。

盐:0.05mol·L^{-1}Cu(NO$_3$)$_2$,0.1mol·L^{-1}KNO$_3$。

3. 其他

pH 试纸。

注意:本实验所用的硝酸铜、磺基水杨酸、氢氧化钠、硝酸溶液均以 0.1mol·L^{-1}KNO$_3$ 溶液为溶剂来配制。

四、实验内容

(一)配制系列溶液

1. 将 13 个 50mL 烧杯和 13 个 50mL 容量瓶洗净编号。

2. 用移液管或吸量管按表列出的体积数,分别吸取 $0.05mol \cdot L^{-1}$ 硝酸铜和 $0.05mol \cdot L^{-1}$ 磺基水杨酸溶液,各自注入 13 个 50mL 烧杯中。

3. 依次在每号混合溶液中,在搅拌下慢慢加入 $1.0mol \cdot L^{-1}$ NaOH 溶液,以调节 pH4 左右(用 pH 试纸测试),然后改用 $0.05mol \cdot L^{-1}$ NaOH 溶液调节 pH 在 $4.5 \sim 5.0$ 之间(用 pH 计测),此时溶液颜色为黄绿色。若 pH 超过 5,可用 $0.01mol \cdot L^{-1}$ HNO_3 调回,注意溶液体积不得超过 50mL。将调节好 pH 值的溶液分别转移到已编号的 50mL 容量瓶中,用 pH 为 $4.5 \sim 5.0$ 的 $0.1mol \cdot L^{-1}$ KNO_3 溶液稀释至刻度线,摇匀备用。

(二)测定系列溶液的吸光度

用可见分光光度计(用波长为 440nm 的光源)分别测定每号溶液的吸光度。将测得的数据记入下表。

数据记录和处理

序号	$Cu(NO_3)_2$ 毫升数	H_3R 毫升数	$c(R)/[c(M)+c(R)]$	吸光度
1	0.00	24.00		
2	2.00	22.00		
3	4.00	20.00		
4	6.00	18.00		
5	8.00	16.00		
6	10.00	14.00		
7	12.00	12.00		
8	14.00	10.00		
9	16.00	8.00		
10	18.00	6.00		
11	20.00	4.00		
12	22.00	2.00		
13	24.00	0.00		

以吸光度 D 为纵坐标,$c(R)/[c(M)+c(R)]$ 为横坐标作图,从图中找出最大吸收峰,求出配合物的组成,并计算表观稳定常数。

五、实验注意事项

1. 滴加酸或碱调节溶液 pH 值时,应注意搅拌不可太剧烈而使溶液溅出。滴加速度不宜太快。

2.溶液转移到容量瓶中时,应小心操作,防止流到瓶外。烧杯宜用少量水清洗,洗液转入容量瓶中。

六、预习要求及思考题

(一)预习要求

1.基本了解光度法测定配合物的组成的原理。

2.理解等摩尔连续变化法。

3.在使用移液管或吸量管量取一定体积的液体时,有哪些应注意之处?

4.在使用比色皿时,操作上有哪些应注意之处?

5.熟悉实验步骤及计算方法。

(二)思考题

1.在测定吸光度时,如果温度变化较大,对测得的稳定常数有何影响?

2.实验中,每个溶液的 pH 值如果不一样,对结果有何影响?

3.用吸光度对配体的体积分数作图,是否可求得配合物的组成?

4.使用分光光度计要注意哪些操作?

附:可见分光光度计

(一)仪器的结构

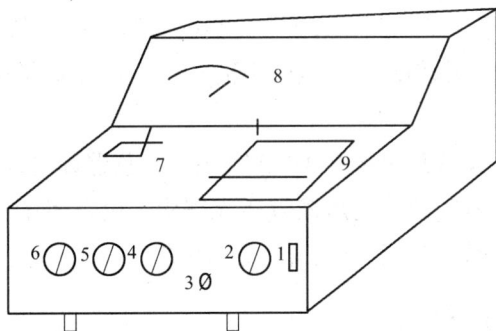

图36 仪器结构示意图

1.电源开关　2.灵敏度旋钮　3.比色皿拉杆　4.透光率调节旋钮　5.零位旋钮

6.波长选择旋钮　7.波长刻度盘　8.微安表　9.暗箱盖

(二)仪器的工作原理

分光光度计的基本原理是溶液中的物质在光的照射激发下,产生了对光吸收的效应,物质对光的吸收是具有选择性的。各种不同的物质都具有其各自的吸收光谱,因此当某单色光通过溶液时,其能量就会被吸收而减弱,光能量减弱的程度和物质的浓度有一定的比例关系,即符合比色原理——比尔定律。

$$T = I_i/I_o$$

$$-\lg \frac{I_i}{I_o} = \varepsilon cL$$

$$D = \varepsilon cL$$

式中,T 为透过率;I_o 为入射光强度;I_i 为透射光强度;D 为吸光度;ε 为吸收系数;L 为溶液的光径长度;c 为溶液的浓度。

从以上公式可以看出,当入射光强度、吸收系数和溶液厚度不变时,透过光强度是根据溶液的浓度而变化的,可见分光光度计的基本原理是根据上述之物理光学现象。

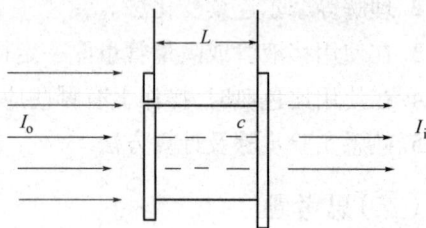

图 37

(三) 仪器的使用

1. 仪器在使用前先检查一下放大器及单色器的二个硅胶干燥筒(在仪器底部可侧面竖直来检查和调换),如受潮变色,应更换干燥的蓝色硅胶或者倒出原硅胶烘干后再用。

2. 将仪器的电源开关接通,打开比色皿暗箱盖,选择需要的单色波长。灵敏度选择见步骤 3,调节"0"电位器使电表指"0",然后将比色皿暗箱盖合上,比色皿座处于参比溶液校正位置,使光电管受光,旋转调"100%"电位器使电表指针到满度附近,仪器预热约 20 分钟。

3. 放大器灵敏度有五档,是逐步增加的,"1"档最低。其选择原则是保证能使空白档良好调到"100%"的情况下,尽可能采用灵敏度较低档。这样仪器将有更高的稳定性。所以使用时一般置"1"档,灵敏度不够时再逐渐升高,但改变灵敏度后须按步骤 2 重新校正"0"和"100%"。

4. 预热后,按步骤 2 连续几次调整"0"和"100%",仪器即可以进行测定工作。

5. 将比色皿座拉出一档,使待测溶液置于光路中。由电表指针位置可读得溶液的透光率或吸光度。依次进行第二、三个待测溶液的测试。

(四) 仪器操作注意事项

1. 在未接通电源之前,应该对仪器的安全性进行检查,电源线接线应牢固,通地要良好,各个调节旋钮的起始位置应当正确。

2. 在仪器尚未接通电源之前,电表的指针必须位于"0"刻线上,若不是这种情况,则可以用电表上的校正螺丝进行调节。然后再接通电源开关。

3. 比色皿放入比色皿座内时,前后位置应尽量一致。否则,容易引起误差。

4. 当仪器停止工作时,必须切断电源,开关放在"关"。

设 计 实 验

实验十七　食醋中总酸量的测定

一、目的要求

1. 利用所学的知识,通过查阅有关资料,自己设计最佳实验方案,培养独立分析和解决问题的能力。

2. 学会标准溶液的配制和标定方法,掌握酸碱滴定分析的基本原理和相关仪器的实验操作技能,掌握实验数据的处理方法和误差的分析方法。

3. 通过对实验过程和结果的分析,初步学会实验方案设计基本思路与方法,提高应用化学知识解决实际问题的能力,培养数据处理能力,激发学生学习化学的兴趣。

二、实验仪器与试剂

仪器:烧杯、容量瓶、锥形瓶、玻璃棒、酸式滴定管、碱式滴定管、滴定管夹、滴定台、滤纸、托盘天平(0.1g)、分析天平(0.1mg)、pHs-3c 型酸度计、复合玻璃电极、洗耳球及移液管(10mL、25mL)等。

试剂:邻苯二甲酸氢钾($KHC_8H_4O_4$,基准物质)、标准缓冲溶液(6.86,4.00)、氢氧化钠(A.R)、标准氢氧化钠溶液、酚酞指示剂。

样品:市售食用白醋、红醋或醋精或陈醋,每组 10mL。

三、实验要求

1. 实验室提前两周公布所能提供的仪器试剂、实验条件和样品名称、用量(学生也可自带样品)。

2. 学生以 2～5 人或个人为一小组,提前一周提交实验方案给大组长(20～25 人为一大组),由组长组织讨论本组的实验方案,最后提交 2～3 个本组最佳实验方案,提前 3 天交实验指导教师评阅。每个实验方案应包含以下几方面内容:实验原理、仪器与试剂、实验内容与步骤、实验数据的记录与处理的相关表格、实验注意问题、实验方法的来源与依据(参考文献)。

3. 学生作实验之前,教师要对每个方案进行可行性点评,提出修改意见,供同学参考。全班最后确定 2～3 个最佳实施方案,每小组只能选其中一个进行实验。

4. 每个小组应有明确的操作分工,每个成员都要负责一项实验内容或步骤,要相互协商,紧密配合,独立完成,在规定的时间内,按照规范化操作程序,最终完成整个实验。每个同学应在自己负责实验内容的原始数据记录上签字,经指导教师签字认可方能填写实验报告,否则结果无效。

5. 实验结果的讨论与分析,主要从方法的科学性、可靠性、先进性、实验误差的来源、方法的改进措施、操作的体会、样品分析的结果等方面进行。

6. 完成实验报告。

四、几点提示

1. 本实验要充分考虑酸碱的稳定性、安全性、经济实用性、操作可行性,不要选偏、奇、特、禁药品。

2. 注意指示剂的选择。主要以滴定突跃范围为依据,指示剂的变色范围应全部或一部分在滴定突跃范围内。

3. 滴定终点的判定。溶液呈微红色,且在半分钟内不消失,超过半分钟则不用管。

4. 总结产生误差的常见因素,并做好准备。

5. 操作要认真规范,细心观察,如实记录。

6. 注意实验设计的四个原则:对照性原则、随机性原则、平行重复原则和单因子变量原则。

实验十八　矿物药鉴别

一、实验目的

1. 熟悉朴硝、硝石、滑石、雄黄、铅丹、赭石、自然铜、炉甘石、轻粉、朱砂等 10 种矿物药的主要化学成分及化学鉴定方法。

2. 进一步培养学生灵活运用已掌握的理论知识和实验技能,学会查阅有关资料,自行设计实验,提高学生分析问题和解决问题的能力。

二、实验原理

1. 在含 Na^+ 的溶液中加入醋酸铀酰锌试剂,可得到黄色晶形沉淀,此沉淀在乙醇中溶解度小。

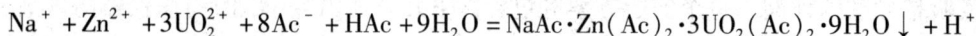
$$Na^+ + Zn^{2+} + 3UO_2^{2+} + 8Ac^- + HAc + 9H_2O = NaAc \cdot Zn(Ac)_2 \cdot 3UO_2(Ac)_2 \cdot 9H_2O \downarrow + H^+$$

2. 在含 K^+ 的溶液中加入四苯硼酸钠,可得白色沉淀。

$$K^+ + [B(C_6H_5)_4]^- = K[B(C_6H_5)_4] \downarrow \quad (白色)$$

3. 棕色环试验。在含有 NO_3^- 的溶液中,加入饱和 $FeSO_4$ 溶液,试管倾斜后,沿管壁小心滴加浓 H_2SO_4,在浓 H_2SO_4 和混合液交界处可见一个棕色环。

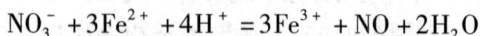
$$NO_3^- + 3Fe^{2+} + 4H^+ = 3Fe^{3+} + NO + 2H_2O$$

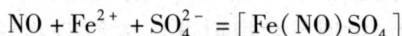
$$NO + Fe^{2+} + SO_4^{2-} = [Fe(NO)SO_4]$$

4. Mg^{2+} 与 NH_4Cl、Na_2HPO_4 溶液反应可生成 $MgNH_4PO_4 \cdot 6H_2O \downarrow$(白色),实验中加入

少量 $NH_3 \cdot H_2O$ 可防止 Na_2HPO_4 的水解,而维持足够 PO_4^{3-} 浓度。

$$Mg^{2+} + NH_4^+ + PO_4^{3-} + 6H_2O = MgNH_4PO_4 \cdot 6H_2O \downarrow (白色)$$

5. 在 SiO_3^{2-} 试液中加入 $(NH_4)_2MoO_4$,可生成黄色的硅钼酸铵溶液,若再加入联苯胺并加入 NaAc 使之转为 HAc 酸性,则硅钼酸铵氧化联苯胺,产生联苯胺蓝和钼蓝,使溶液变成蓝色。

6. 雄黄 As_4S_4 煅烧后可得到 As_2O_3,As_2O_3 与盐酸作用后可形成 As^{3+} 离子,在含有 As^{3+} 的溶液中加入饱和 H_2S 溶液可得到 $As_2S_3 \downarrow$(黄色),再加入 $(NH_4)_2CO_3$ 沉淀可溶解。

$$As_4S_4 + 7O_2 = 2As_2O_3 + 4SO_2$$
$$As_2O_3 + 3H_2O = 2H_3AsO_3$$
$$As^{3+} + 3OH^- = As(OH)_3 = H_3AsO_3 = 3H^+ + AsO_3^{3-}$$
$$2As^{3+} + 3H_2S = As_2S_3 \downarrow + 6H^+$$
$$As_2S_3 + 3(NH_4)_2CO_3 = (NH_4)_3AsS_3 + (NH_4)_3AsO_3 + 3CO_2 \uparrow$$

7. Pb_3O_4 可以和 HNO_3 反应,歧化生成 Pb^{2+} 和 $PbO_2 \downarrow$。

8. 在 Zn^{2+} 试液中,加入 $K_4[Fe(CN)_6]$,有微蓝色沉淀产生。

$$2Zn^{2+} + [Fe(CN)_6]^{4-} = Zn_2[Fe(CN)_6] \downarrow$$

9. 将轻粉 Hg_2Cl_2 和无水 Na_2CO_3 一起放在试管中共热后,在干燥试管壁上有金属 Hg 析出

$$Hg_2Cl_2 + Na_2CO_3(无水) = Hg \downarrow + HgO + 2NaCl + CO_2 \uparrow$$

三、实验要求

1. 根据本实验的目的、原理,由学生通过查阅有关资料、手册拟订出合适的实验方案[包括仪器、溶液(所需规格及浓度)、实验步骤等],方案经教师审阅后,方法合理,条件具备,学生可按照自己的设计方案进行实验。

2. 独立完成实验,根据自己的实验设计方案,认真思考与操作,不断完善实验方法,培养自己的实验能力。

3. 实验结束后,以论文的形式写出实验报告,内容包括:实验目的、实验原理、实验仪器与药品、实验步骤、实验现象、实验结果、讨论等。

实验十九　无机阴、阳离子的鉴定和未知物的鉴别

一、实验目的

1. 掌握常见无机阴、阳离子的特征反应和鉴定反应的操作。

2. 明确化学反应与鉴定反应的关系。

3. 了解未知物定性分析的试验流程。

二、实验原理

利用加入试剂,使其与溶液中某种无机离子产生特征化学反应,鉴定溶液中该离子存在与否的试验称为离子的鉴定。鉴定反应须具有下述特征之一:①沉淀的生成或沉淀的溶解;②溶液或沉淀颜色的变化;③特殊气体的生成并逸出;④产生其他特殊现象等。结晶反应、焰色反应、气室反应常被用作鉴定反应。有机试剂的应用常能提高离子鉴定反应的特效性和灵敏度。

三、仪器、试剂及其他

1. 仪器

试管,铂丝,玻璃棒,离心机,酒精灯,试管夹,玻璃棒,点滴板,表面皿。

2. 试剂

酸:浓 HCl,1mol·L^{-1} HCl,浓 H$_2$SO$_4$,2mol·L^{-1} H$_2$SO$_4$,浓 HNO$_3$。

碱:2mol·L^{-1} NaOH,2mol·L^{-1} 氨试液。

盐:K$^+$、Na$^+$、Ag$^+$、Mg^{2+}、Fe^{2+}、Ba^{2+}、Al^{3+}、Sb^{3+}、NO$_3^-$ 离子溶液,硼砂晶体,NH$_4^+$、As^{3+}、SO$_3^{2-}$ 固体,3mol·L^{-1} NH$_4$Ac,饱和 FeSO$_4$,1mol·L^{-1} Na$_2$S,1mol·L^{-1} Hg(NO$_3$)$_2$,1mol·L^{-1} AgNO$_3$,1mol·L^{-1} NaNO$_2$,1mol·L^{-1} Hg$_2$Cl$_2$。

3. 其他

H$_2$S 气体,锌粉,四苯硼酸钠,钴亚硝酸钠,醋酸铀酰锌,邻菲罗啉乙醇溶液,镁试剂,铝试剂,玫瑰红酸钠,奈斯勒试剂,甲醇。

四、实验内容

(一) 无机阴、阳离子的特征反应

1. 试管试法

将试液放入试管中,滴加试剂,使其产生沉淀或颜色变化的方法叫试管试法。用试管试法进行离子特征反应时每加一滴试剂都要充分摇匀直到现象产生。

(1)Na$^+$ 盐:取 Na$^+$ 盐的中性溶液 10 滴于小试管中,加醋酸铀酰锌试剂 3~4 滴,不断搅拌并摩擦试管壁,即有黄色沉淀生成,写出离子反应式。

(2)K$^+$ 盐:取 K$^+$ 盐的中性溶液 10 滴于小试管中,加钴亚硝酸钠试剂 3 滴,摇匀后有黄棕色沉淀产生,写出离子反应式。或在另一试管中加入 K$^+$ 盐的中性溶液 10 滴,滴加四苯硼酸钠 3~4 滴,摇匀后观察沉淀的生成,写出离子反应式。

(3)硝酸盐:取硝酸盐 10 滴于小试管中,加入饱和 FeSO$_4$ 溶液 8~12 滴,然后沿着管壁小心加入浓 H$_2$SO$_4$ 10 滴使成两液层,不要搅动,稍待片刻,观察两液层交界处的颜色,记录颜色环的颜色。

（4）硼酸盐：取硼砂晶体约 0.5g 于小试管中，加蒸馏水 3ml 加热溶解，稍冷却后加浓 H_2SO_4 少许，观察有何变化，加甲醇 5～10mL 后点火燃烧，观察火焰边缘带的颜色。

2. 点滴板反应试法

将少量试液、试剂均滴在点滴板上使其反应的方法叫点滴板反应试法，该试法试液、试剂用量较少。

（1）Fe^{2+} 盐：取 Fe^{2+} 盐溶液少许，加 1% 邻菲罗啉乙醇溶液数滴，观察颜色的变化。化学反应为：

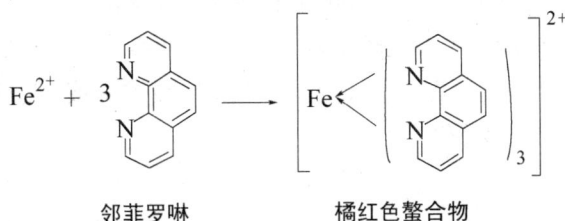

邻菲罗啉　　　　　　　橘红色螯合物

（2）Mg^{2+} 盐：取 Mg^{2+} 盐溶液少许，加 NaOH 试液和镁试剂各数滴，观察沉淀的生成。镁试剂化学名为对硝基苯偶氮间苯二酚，结构式为：

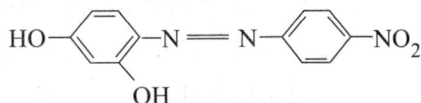

（3）Al^{3+} 盐：取 Al^{3+} 盐溶液少许，加数滴 $3mol \cdot L^{-1}$ NH_4Ac 溶液和 1～2 滴铝试剂，观察沉淀的生成。化学反应为：

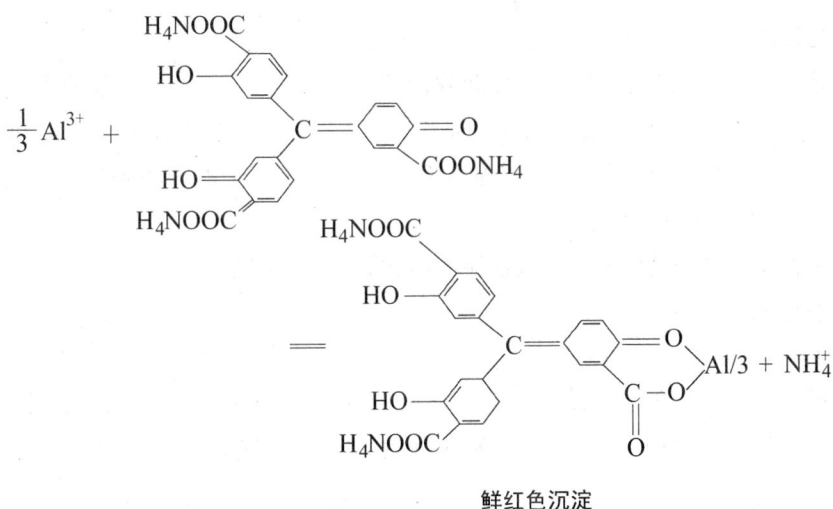

鲜红色沉淀

3. 离心管试法

将试液、试剂放在离心管中进行沉淀反应，并使沉淀物在离心机上进行离心析出的方法叫离心管试法。开动离心机时，要注意离心机的平稳，离心管放在离心机的管套中要做到对称,必要时用空离心管加水做对称。离心后沉淀物受离心作用沉降在离心管的尖端,可用毛细管将离心液吸出,留下沉淀物在离心管中。

（1）Ag^+盐:取 Ag^+ 盐溶液少许,加稀盐酸数滴酸化,观察白色凝乳状沉淀的生成,离心,弃去上清液,在沉淀物上滴加氨试液,观察沉淀的溶解。写出离子反应式。

（2）Sb^{3+}盐:取 Sb^{3+} 盐溶液少许,加稀盐酸数滴酸化,通硫化氢气体,观察沉淀的生成。离心,弃去上清液,在沉淀物上滴加硫化钠溶液,观察沉淀的溶解。写出离子反应式。

4. 纸上滴定试法

将试液、试剂放在滤纸上进行沉淀,由于滤纸的毛细管作用,除沉淀外,其他离子会均匀扩散至沉淀区域之外,沉淀观察比较明显,这种方法叫纸上滴定试法。

Ba^{2+}盐:取 Ba^{2+} 盐溶液少许置滤纸上,加玫瑰红酸钠试液,观察沉淀的生成。用稀 HCl 处理后注意滤纸颜色的变化。

5. 气室试法

气室是由两块小表面皿合在一起构成的,上面一块可稍小并擦干,将试纸润湿后贴在上表面皿的凹面中央,然后盖在下面表面皿上,必要时可放在小烧杯上用蒸汽浴加热,待反应发生后观察试纸颜色变化。这种鉴定离子是否存在的方法叫气室试法。

（1）NH_4^+盐:取 NH_4^+ 盐固体少许,加过量 NaOH 试液,加热,分解产生的气体遇浸有奈斯勒试剂的滤纸会产生色斑,观察色斑的生成并写出离子反应式。

（2）As^{3+}盐:在表面皿上放 As^{3+} 固体少许,加无砷锌粉少量,加稀硫酸,在气室上表面皿上粘一有硝酸银溶液的滤纸,数分钟后,观察滤纸上色斑的生成。

（3）SO_3^{2-}盐:在表面皿上放 SO_3^{2-} 盐固体少许,加 HCl 产生气体并能使硝酸亚汞试液湿润的滤纸产生色斑,观察色斑的产生。

6. 焰色试法

将铂丝（或镍铬丝）做成环状,取数滴浓盐酸置点滴板上,将金属环插进盐酸中浸湿,在灯焰上灼烧,如此反复数次直至火焰不染色,表明金属丝已处理洁净。用洁净的金属丝蘸取试液在氧化焰中灼烧,通过火焰特征颜色来鉴定无机离子的方法叫焰色试法。

（1）钠盐:火焰中显鲜黄色。

（2）钾盐:火焰中显紫色（当有钠盐混存时,可用蓝玻璃透视）。

（3）钙盐:火焰中显砖红色。

（4）钡盐:火焰中显黄绿色。

记录每种盐在火焰中呈现的颜色。每次实验前应将金属丝洁净,方法同上。千万不可将铂丝放在还原焰中灼烧,否则生成碳化铂,铂丝会发生脆断。

（二）未知物的鉴别

领取未知溶液一份,其中可能含有的离子是:

Na^+、K^+、NH_4^+、Mg^{2+}、Ca^{2+}、Ba^{2+}、Cl^-、Br^-、I^-,参照以上实验,自己拟定分析步骤,确定未知溶液中含有哪些离子?

五、思考题

1. 哪些操作技术被用来进行常见无机离子的鉴定反应?

2. 进行离子"一般鉴定反应"应具有什么前提?

3. 若未知液中有 Br^- 无 Cl^-,而在处理卤化银沉淀的 $2mol \cdot L^{-1}$ $NH_3 \cdot H_2O$ 中加 HNO_3 检出 Cl^- 时,溶液却变混浊,试解释这种现象?

微 型 实 验

实验二十　氧化还原反应

一、实验目的

1. 掌握电极电势对氧化还原反应的影响。

2. 定性观察浓度、酸度对电极电势的影响。

3. 定性观察浓度、酸度、催化剂对氧化还原反应的影响。

4. 学习利用微型仪器进行化学实验操作,树立环境保护意识。

二、实验原理

见基本实验四。

三、仪器、试剂及其他

1. 仪器

井穴板、点滴板、可调定量加液器,试管(5mL),伏特计。

2. 试剂

酸:$0.2mol \cdot L^{-1} H_2SO_4$,$0.2mol \cdot L^{-1} H_2C_2O_4$。

碱:$6mol \cdot L^{-1} NaOH$,浓 $NH_3 \cdot H_2O$。

盐:$0.5mol \cdot L^{-1} CuSO_4$,$0.5mol \cdot L^{-1} ZnSO_4$,$1mol \cdot L^{-1} NH_4F$,$0.2mol \cdot L^{-1} ZnSO_4$,$0.1mol \cdot L^{-1} NH_4SCN$,$0.1mol \cdot L^{-1} KI$,$0.1mol \cdot L^{-1} FeCl_3$,$0.1mol \cdot L^{-1} KBr$,$0.5mol \cdot L^{-1} K_3[Fe(CN)_6]$,$0.5mol \cdot L^{-1} FeSO_4$,$0.01mol \cdot L^{-1} KMnO_4$,$0.5mol \cdot L^{-1} Na_2SO_3$,$0.5mol \cdot L^{-1} MnSO_4$,$0.2mol \cdot L^{-1} K_2Cr_2O_7$,$NH_4F$(固)。

3. 其他

CCl_4,Br_2 水,I_2 水,淀粉液,Zn 片,Cu 片,导线,盐桥。

四、实验内容

(一)电极电势和氧化还原反应

1. 在 5mL 的小试管中滴加 5 滴 $0.1mol \cdot L^{-1}$ 的 KI 溶液和 2 滴 $0.1mol \cdot L^{-1}FeCl_3$ 溶液,混匀后,再加 3 滴 CCl_4 溶液,充分振荡,观察 CCl_4 层颜色有何变化? 若 CCl_4 层看不清楚可往小试管中补加 1mL 蒸馏水稀释一下。再顺试管壁滴加 1 滴 $0.5mol \cdot L^{-1}K_3[Fe(CN)_6]$ 溶液,若出现蓝色沉淀,则证明有 Fe^{2+} 生成。

2. 用 $0.1mol \cdot L^{-1}$ KBr 溶液代替 KI 进行同样实验,观察 CCl_4 层有何变化?

3. 取 5 滴 Br_2 水于小试管中,加入 2 滴新配制的 $0.5mol \cdot L^{-1}$ 的 $FeSO_4$ 溶液,观察溴水颜色是否褪去。再加入 1 滴 $0.1mol \cdot L^{-1}NH_4SCN$ 溶液,又有何现象?

根据以上实验结果,定性比较 Br_2/Br^-,I_2/I^-,Fe^{3+}/Fe^{2+} 三个电对的电极电势相对高低,并指出哪个是最强的氧化剂? 哪个是最强的还原剂?

(二)浓度和酸度对电极电势的影响

1. 在井穴板的二个穴孔中分别加入 4mL $0.5mol \cdot L^{-1}CuSO_4$ 溶液和 4mL $0.5mol \cdot L^{-1}$ $ZnSO_4$ 溶液,并用盐桥将这二个井穴孔连接。在 $CuSO_4$ 溶液的井穴中插入 Cu 片和 Zn 片,Cu 片和 Zn 片之间用导线与伏特计相连接。记下伏特计的读数。

2. 取出盐桥,往盛有 $CuSO_4$ 溶液的井穴孔中滴加浓 $NH_3 \cdot H_2O$,边加边搅拌至生成沉淀溶解,而形成深蓝色溶液,放入盐桥,观察伏特计有何变化? 用能斯特方程解释实验现象。

3. 取出盐桥,往盛有 $ZnSO_4$ 溶液的井穴孔中滴加浓 $NH_3 \cdot H_2O$,边加边搅拌至生成的沉淀溶解而形成无色溶液,放入盐桥,观察特伏计有何变化? 用能斯特方程解释实验现象。

4. 取 1 滴 $0.2mol \cdot L^{-1}K_2Cr_2O_7$ 溶液于点滴板凹槽中,往其中加 2 滴 $0.5mol \cdot L^{-1}$ Na_2SO_3 溶液,颜色有无变化? 再往其中加 2 滴 $2mol \cdot L^{-1}H_2SO_4$ 后,又有何变化? 用能斯特方程解释实验现象。

(三)浓度对氧化还原反应的影响

1. 在二个 5mL 小试管中,各加入 5 滴 $0.1mol \cdot L^{-1}$ KI 和 4 滴 $0.1mol \cdot L^{-1}FeCl_3$ 溶液,再向其中一支试管中加入少量 NH_4F 固体,振荡后观察二支试管的颜色有什么不同?

2. 往小试管中加 0.5mL $0.1mol \cdot L^{-1}$KI 和 2 滴 $0.5mol \cdot L^{-1}K_3[Fe(CN)_6]$,再加 2 滴 CCl_4 振荡后,观察有无 I_2 生成? 再往其中加入几滴 $0.2mol \cdot L^{-1}ZnSO_4$ 溶液,充分振摇后静置,观察现象。用电极电势解释实验现象。

提示:$2[Fe(CN)_6]^{3-} + 2I^- + 4Zn^{2+} = 2Zn_2[Fe(CN)_6] \downarrow (白) + I_2$

（四）酸度对氧化还原反应的影响

1. 酸度对氧化还原反应产物的影响

在点滴板的三个孔穴中各滴入 5 滴 $0.01\,mol\cdot L^{-1}$ KMnO$_4$ 溶液,分别加入 2 滴 $2\,mol\cdot L^{-1}$ H$_2$SO$_4$ 溶液,2 滴蒸馏水,2 滴 $6\,mol\cdot L^{-1}$ NaOH 溶液,用玻璃棒搅匀,再分别向三个孔穴中滴入 5 滴 $0.5\,mol\cdot L^{-1}$ Na$_2$SO$_3$ 溶液,观察实验现象,写出化学反应方程式。

2. 酸度对氧化还原反应方向的影响

在点滴板的一个孔穴中滴加 1 滴 I$_2$ 水,往其中滴加 $6\,mol\cdot L^{-1}$ 的 NaOH 至颜色刚好褪去,然后再往其中滴加 $2\,mol\cdot L^{-1}$ H$_2$SO$_4$,观察颜色变化(可往其中加 1 滴淀粉液)。写出化学反应方程式,并用标准电极电势解释实验现象。

（五）催化剂对氧化还原反应速度的影响

在井穴板的 1~3 个井穴中,各加入 $0.2\,mol\cdot L^{-1}$ H$_2$C$_2$O$_4$、$2\,mol\cdot L^{-1}$ H$_2$SO$_4$ 各 5 滴,然后往一个井穴中加 1 滴 $0.5\,mol\cdot L^{-1}$ MnSO$_4$,往另一个井穴中加 1 滴 $1\,mol\cdot L^{-1}$ NH$_4$F,最后往三个井穴中各加 $1\,mol\cdot L^{-1}$ KMnO$_4$ 溶液,比较三个井穴紫红色褪去的快慢。

提示：　　$6F^- + Mn^{2+} = \left[MnF_6\right]^{4-}$

五、实验注意事项

见基本实验四。在井穴板和点滴板中某些实验要用玻璃棒搅拌一下,现象更明显。

六、预习要求及思考题

见基本实验四。

实验二十一　配合物的生成和性质

一、实验目的

1. 了解配合物的生成和组成,比较配离子的稳定性。

2. 了解配位平衡与沉淀反应、氧化还原反应的关系,以及介质的酸碱性,浓度对配位平衡的影响。

3. 了解螯合物的特性和在金属离子鉴定方面的应用。

二、实验原理

配合物一般由作为内界的配离子和作为外界的其他离子两部分组成。配合物溶于水时,配离子与外界离子发生完全电离,在水溶液中配离子一般较稳定,只有一部分解离成简单离子。因此,配离子在溶液中存在着配合平衡。如：

$$Cu^{2+} + 4NH_3 \Longrightarrow [Cu(NH_3)_4]^{2+}$$

$$K_{稳}^{\ominus} = \frac{c_{eq}[Cu(NH_3)_4^{2+}]/c^{\ominus}}{[c_{eq}(Cu^{2+})/c^{\ominus}][c_{eq}(NH_3)/c^{\ominus}]^4}$$

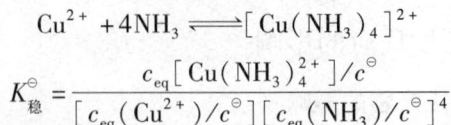

$K_{稳}^{\ominus}$ 称为稳定常数。不同的配离子具有不同的稳定常数;对于同种类型的配离子,$K_{稳}^{\ominus}$ 值愈大,说明配离子生成的趋势越大,而解离的趋势越小,即在溶液中越稳定。

一种金属离子形成配合物后,一系列性质都会发生改变,如氧化性、还原性、溶解度、颜色等,往往与原物质有很大的差别。例如,Hg^{2+} 能氧化 Sn^{2+},当生成无色的 $[HgI_4]^{2-}$ 配离子后,$Hg(Ⅱ)$ 的氧化性明显减弱,以致不能氧化 Sn^{2+}。又如,$AgCl$ 难溶于水,但 $Ag(NH_3)_2Cl$ 易溶于水。

根据平衡移动原理,改变中心离子或配位体的浓度会使配合平衡发生移动。如加入沉淀剂,改变溶液中配体的浓度或加入另一种配体以生成更稳定的配离子,以及改变溶液的酸碱性等,在这些情况下,配合平衡都将发生移动。

在螯合物中,由于配体中二个或二个以上配位原子与中心离子配位形成多元环状结构,使其稳定性增大。某些金属离子在一定条件下能与特定的螯合剂作用生成具有特征颜色的溶液或沉淀,这类反应常被用于一些金属离子的鉴定。

三、仪器、试剂及其他

1. 仪器

0.7mL 与 5mL 井穴板,多用滴管,小试管。

2. 试剂

酸:1:1 H_2SO_4,浓 HCl,0.1mol·L^{-1} H_2S,0.1mol·L^{-1} $H_2C_2O_4$。

碱:0.1mol·L^{-1} NaOH,6mol·L^{-1} $NH_3·H_2O$。

盐:0.1mol·L^{-1} $HgCl_2$,0.1mol·L^{-1} KI,0.1mol·L^{-1} 和 1mol·L^{-1} $CuSO_4$,0.1mol·L^{-1} $BaCl_2$,0.1mol·L^{-1} 和 0.5mol·L^{-1} 的 $FeCl_3$,0.1mol·L^{-1} 和 1mol·L^{-1} KSCN,饱和 $(NH_4)_2C_2O_4$,0.1mol·L^{-1} $K_3[Fe(CN)_6]$,0.2mol·L^{-1},$CoCl_2$,10% NH_4F,0.1mol·L^{-1} KBr,0.1mol·L^{-1} NaCl,0.1mol·L^{-1} $AgNO_3$ 0.1mol·L^{-1} $SnCl_2$,0.2mol·L^{-1} $NiSO_4$。

3. 其他

0.1mol·L^{-1} EDTA,1% 淀粉溶液,1% 二乙酰二肟,无水乙醇,戊醇,锌粒。

四、实验内容

(一)配离子的生成和配合物的组成及制备

1. 在 0.7mL 井穴板的 1# 井穴中加入 1 滴 0.1mol·L^{-1} $HgCl_2$ 溶液和 1 滴 0.1mol·L^{-1} KI 溶液,有何现象? 再继续滴加 KI 溶液,观察现象,得到什么产物? 写出反应方程式。

2. 在 0.7mL 井穴板的 2#、3# 井穴中分别加入 2 滴 0.1mol·L^{-1} $CuSO_4$ 溶液,然后在 2#

穴中加入 3 滴 0.1mol·L^{-1}BaCl$_2$ 溶液,3$^#$穴中加 3 滴 0.1mol·L^{-1}NaOH 溶液,观察现象,写出反应方程式。

另取一块 5mL 井穴板,在其中的一个井穴中加入 20 滴 1mol·L^{-1}CuSO$_4$ 溶液,逐滴加入 6mol·L^{-1}NH$_3$·H$_2$O,边加边搅拌,有无沉淀生成? 继续滴入过量氨水,直至生成深蓝色溶液。用一支干净的多用滴管吸入此溶液,在 4$^#$、5$^#$井穴中分别加入 2 滴该溶液,然后在 4$^#$井穴中加入 0.1mol·L^{-1}BaCl$_2$ 溶液,在 5$^#$井穴中加 0.1mol·L^{-1}NaOH 溶液,观察有无沉淀生成? 根据实验结果,分析说明铜氨配合物的内界和外界的组成,写出有关反应方程式。

将多用滴管内的深蓝色溶液保留 1/4 吸泡体积,然后弯曲多用滴管径管,吸入 1mL 无水乙醇,混合均匀,观察晶体的析出。将此多用滴管放入离心机(注意管径不要过长),离心分离,弃去清液,将管内晶体保留,备用。

(二)配离子稳定性的比较

1. 配合剂对配离子稳定性的影响

在 0.7mL 井穴板中的 6$^#$穴中加入 2 滴 0.1mol·L^{-1}FeCl$_3$ 溶液和 1 滴 0.1mol·L^{-1}KSCN 溶液,有何现象? 然后加饱和(NH$_4$)$_2$C$_2$O$_4$ 溶液 3 滴,观察现象,再加 6mol·L^{-1}NaOH 溶液,有无沉淀生成? 解释上述现象。

在 7$^#$井穴中各加入 2 滴 0.1mol·L^{-1}K$_3$[Fe(CN)$_6$]溶液,然后再加入 6mol·L^{-1}NaOH 溶液,是否有沉淀生成?

从实验现象判断 Fe(Ⅲ)配离子稳定性大小?

2. 配合物的转化及其掩蔽作用

在小试管中加入 0.2mol·L^{-1}CoCl$_2$ 溶液 5 滴、戊醇 10 滴和 1mol·L^{-1}KSCN 溶液 10 滴,振荡后,观察戊醇层的颜色(此为 Co^{2+} 的鉴定方法)。再加入 1 滴 0.1mol·L^{-1}FeCl$_3$ 溶液,观察溶液颜色的变化(Fe^{3+} 对 Co^{2+} 的鉴定起什么作用),然后一边振荡,一边向试管内加入 10% NH$_4$F 溶液数滴(以血红色刚好褪去为宜),用力振摇后,观察现象。分析产生上述现象的原因。

(三)配合平衡的移动

1. 配合平衡与沉淀溶解平衡的关系

(1)在 0.7mL 井穴板 8$^#$、9$^#$井穴中,分别加入 1 滴 0.1mol·L^{-1}H$_2$S 溶液和 0.1mol·L^{-1}H$_2$C$_2$O$_4$ 溶液,然后各滴入 1 滴 1mol·L^{-1}CuSO$_4$ 溶液,观察沉淀的生成。再分别滴入 6mol·L^{-1}氨水,有何现象? 试用平衡移动原理解释上述实验现象。

(2)在 0.7mL 井穴板的 1$^#$井穴中加入 1 滴 0.1mol·L^{-1}AgNO$_3$ 溶液和 1 滴 0.1mol·L^{-1}NaCl 溶液,有无沉淀生成? 加入 2 滴 6mol·L^{-1}氨水,搅拌,有何现象? 再加入 1 滴 0.1mol·L^{-1}KBr 溶液,有无变化? 然后加 3 滴 0.5mol·L^{-1}Na$_2$S$_2$O$_3$ 溶液,又有什么变化?

根据难溶物的溶度积和配合物的稳定常数解释上述一系列现象,写出有关离子反应方程式。

2.配合平衡和氧化还原反应的关系

(1)在0.7mL井穴板1#井穴中加入1滴0.1mol·L^{-1}HgCl$_2$溶液,再逐滴加入0.1mol·L^{-1}SnCl$_2$溶液,观察沉淀的生成和颜色的变化,写出反应方程式。

在2#井穴中加1滴0.1mol·L^{-1}HgCl$_2$溶液,再逐滴加入0.1mol·L^{-1}SnCl$_2$溶液,与上述实验现象比较有何不同?为什么?

(2)在0.7mL井穴板3#、4#井穴中各加3滴0.1mol·L^{-1}FeCl$_3$溶液和1滴淀粉溶液,在3#穴中再加3滴10% NH$_4$F溶液。然后向两穴中分别滴加0.1mol·L^{-1}KI溶液,比较两者的现象,并加以解释。

3.配合平衡和介质的酸碱性

在0.7mL井穴板的5#、6#穴中各加2滴0.5mol·L^{-1}CoCl$_2$溶液,滴加浓HCl,观察溶液颜色的变化,再逐滴加水稀释,有何变化?反复上述操作,对实验观象加以解释。

(四)螯合物的性质

1.螯合物的稳定性

在0.7mL井穴板中的1#井穴中滴加1滴0.1mol·L^{-1}FeCl$_3$和1滴0.1mol·L^{-1}KSCN溶液,在2#井穴中加[Cu(NH$_3$)$_4$]$^{2+}$溶液2滴,然后分别滴加0.1mol·L^{-1}EDTA溶液,各有何现象产生?并加以解释。

2.Ni^{2+}的鉴定

在0.7mL井穴板的3#井穴中加1滴0.2mol·L^{-1}NiSO$_4$溶液、1滴6mol·L^{-1}氨水和2滴1%二乙酰二肟溶液,观察现象。

五、思考题

1.配合物在溶液中的离解情况怎样?与复盐有何区别?

2.根据实验结果,归纳说明影响配合平衡的主要因素有哪些?

3.在深蓝色铜氨配离子溶液中加水稀释或加饱和H$_2$S溶液是否有沉淀产生?说明原因。

实验二十二 无机化学实验基本操作训练虚拟仿真实验

一、实验目的

1.了解无机化学实验中的基本安全常识、基本要求和注意事项等。

2.认知无机化学实验中常用的仪器,熟悉其名称、规格和使用方法。

3.掌握试管、烧杯、酒精灯、蒸发皿、量筒、移液管、容量瓶、滴定管、托盘天平、离心机、减压抽滤泵、pH 试纸、pH 酸度计等常用仪器的使用及固体的称取、加热、移液、配液、离心、过滤等基本操作。

二、无机化学基本操作虚拟仿真实验简介

无机化学虚拟仿真实验旨在通过软件为高等医药院校学生学习无机化学课程提供一个高仿真的、高交互操作的、全程参与式的、可实时反馈信息与操作指导的操作环境,使学生通过在平台上的操作练习,进一步熟悉实验室安全知识、专业基础知识、培训基本动手能力,为进行实际工作和实验奠定良好基础。

三、虚拟仿真实验项目

(一)实验室安全知识教育

通过《虚拟实验室软件》中的实验室安全知识教育模块,如图 38 所示。熟悉无机化学实验室的实验环境,阅读实验室各项规章制度,了解实验室安全知识和注意事项。

实验室安全知识教育模块
- 常见问题
- 意外的处理
- 防火用具与设施
- 灭火方法
- 危害因素与注意事项

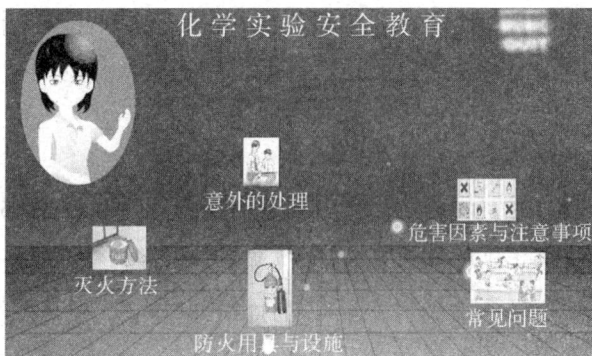

图38 实验室安全知识模块

附:无机化学实验室安全规则

无机化学实验是在大学化学实验教学中心实验室进行,实验室是大学生进行化学知识学习和科学研究的场所,必须严肃、认真。在进入实验室前必须要熟悉和遵守实验安全总则。

(1)了解实验室水、电、气(煤气)总开关的地方,了解消防器材(消火栓、灭火器等)、紧急急救箱、紧急淋洗器、洗眼装置等的位置和正确使用方法以及安全通道。

(2)了解实验室的主要设施及布局,主要仪器设备以及通风实验柜的位置、开关和安

全使用方法。

（3）做化学实验期间必须穿实验服（过膝、长袖），戴防护镜或自己的近视眼镜（包括戴隐形眼镜者）。长发（过衣领）必须扎短或藏于帽内，不准穿拖鞋。

（4）严禁将任何灼热物品直接放在实验台上。

（5）产生危险和难闻气体的实验必须在通风柜中进行。

（6）取用化学试剂必须小心，在使用腐蚀性、有毒、易燃、易爆试剂（特别是有机试剂）之前，必须仔细阅读有关安全说明。使用移液管取液时，必须用洗耳球。

（7）一切废弃物必须放在指定的废物收集器内。

（8）使用玻璃仪器必须小心操作，以免打碎、划伤自己或他人。

（9）禁止在实验室内吃食品、喝水、咀嚼口香糖。实验后、吃饭前，必须洗手。

（10）实验后要将实验仪器清洗干净，关好水、电、气开关和做好清洁卫生。实验室备有公用手套供学生使用。

（11）一旦出现实验事故，如灼伤、化学试剂溅撒在皮肤上，应即时用药处理或立即用冷水冲洗，被污染的衣服要尽快脱掉。

（12）实验室所有的药品不得携带出室外。用剩的有毒药品要还给指导教师。

（13）在化学实验室进行实验不允许嬉闹、高声喧哗，也不允许带耳机边听边做实验。

（14）实验完毕后，应洗净仪器，整理好实验用品，擦净桌面，由指导老师签字，方可离开实验室。

（二）仪器认知及基本操作训练

通过《虚拟实验室软件》中 FLASH 虚拟仿真实验平台软件的交互模式，在常用仪器图库中选择与无机化学实验相关的常用仪器，掌握常用实验仪器的用途、名称、规格及其操作，了解使用注意事项。

1. 酒精灯的使用

酒精灯是实验中常用的加热装置，其火焰温度通常可达 $400℃ \sim 500℃$。实验中要了解酒精灯的构造，掌握其正确的使用方法；练习使用酒精灯进行加热。将前面洗净并干燥过的试管里加入去离子水（水的体积不超过试管容积的 1/3），用试管夹夹住试管，使试管与桌面成 45°角进行加热，如图 39 所示。

图 39　酒精灯的使用

2. 托盘天平的使用

实验室常用托盘天平称量固体药品,其精度一般为 $0.01g$。实验中要了解托盘天平的构造,掌握调零和称量操作,称量时遵循"左物右码"的原则,如图 40 所示。练习使用托盘天平称量 $3 \sim 5g$(称准到 $0.1g$)$CaCl_2$ 固体,放入前面洗净并干燥过的 $100mL$ 烧杯中备用。

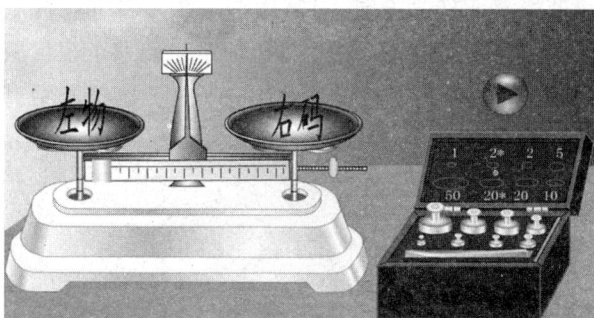

图 40　托盘天平的使用方法

3. 量器和移液管的使用

(1)用量筒量取 $100mL$ 去离子水加入盛有 $CaCl_2$ 固体的烧杯中,用玻璃棒进行搅拌使晶体溶解,配成 $CaCl_2$ 溶液。也可采用加热的方法加速溶解,取三脚架,上面放石棉网,将烧杯置于石棉网上,在网下用酒精灯进行加热,边加热边搅拌,直至完全溶解。

(2)用 $25mL$ 移液管正确移取 $1.0mol/L$ H_2SO_4 溶液 $25mL$ 放入 $50mL$ 容量瓶中,如图 41 所示,按容量瓶的正确使用方法,加去离子水至刻度混合均匀。

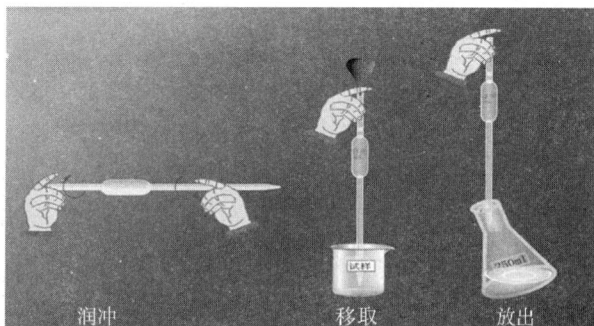

润冲　　移取　　放出

图 41　移液管的正确操作方法

4. 容量瓶的使用

容量瓶是配制标准溶液或样品溶液时使用的精密量器,它是一种细颈梨形平底玻璃瓶,带有磨口玻璃塞或塑料塞,颈部刻有环形标线,表示在 $20℃$ 时溶液满至标线时的容积。有 $10mL$、$25mL$、$50mL$、$100mL$、$200mL$、$500mL$ 和 $1000mL$ 等规格,并有白、棕两种颜色,棕色瓶用来盛装见光易分解的试剂溶液。

容量瓶使用前要先检查瓶塞是否漏水。加自来水至标线附近,盖好瓶塞。左手食指按住塞子,其余手指拿住瓶子颈标线以上部位。右手指尖托住瓶底边缘。将瓶倒立 2 分钟,如不漏水,将瓶子直立,旋转瓶塞180°后,再倒立2分钟,仍不漏水方可使用。

若不漏水,应对容量瓶进行洗涤。先用自来水冲洗几次,倒出后内壁不挂水珠,然后用去离子水荡洗3次。若内壁挂珠,就必须用铬酸洗液洗,再用自来水冲洗,最后用去离子水荡洗3次。为避免浪费,每次用蒸馏水15~20mL。

用容量瓶配制标准溶液或样品液时,最常用的方法是将准确称量的待溶固体置小烧杯中,用蒸馏水或其他溶剂将固体溶解,然后将溶液定量转移至容量瓶中。然后用蒸馏水冲洗玻璃棒和烧杯3~4次,每次溶液按上述方法完全转入容量瓶中,如图42所示。

图42　容量瓶配制标准溶液的方法

当加蒸馏水稀释至容积的2/3处时,用右手食指和中指夹住瓶塞扁头,将容量瓶拿起,向同一方向摇动几周使溶液初步混匀(切勿倒置容量瓶)。当加蒸馏水至标线下1cm左右时,等1~2分钟,使附在瓶颈内壁的溶液流下,再用细长滴管滴加蒸馏水恰至刻度线。盖紧瓶塞,用食指压住瓶塞,另一只手托住容量瓶的底部,将容量瓶倒置,使气泡上升到顶。振摇几次再倒转过来,如此反复倒转摇动15次左右,使瓶内溶液混合均匀,如图43所示。

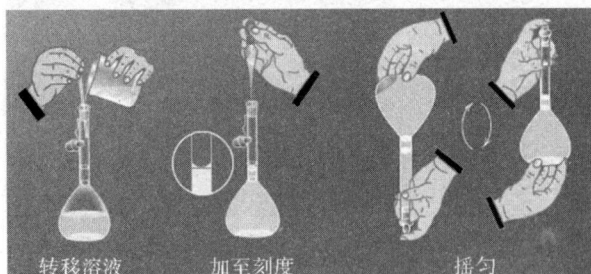

转移溶液　　　加至刻度　　　　摇匀

图43　容量瓶的正确操作方法

5. 酸碱滴定管的使用

滴定管一般分为两种,酸式滴定管和碱式滴定管。酸式滴定管又称具塞滴定管,它的下端有玻璃旋塞开关,用来装酸性溶液、氧化性溶液及盐类溶液,不能装碱性溶液如NaOH等。碱式滴定管又称无塞滴定管,它的下端有一根橡皮管,中间有一个玻璃珠,用来控制溶液的流速,它用来装碱性溶液与无氧化性溶液,凡可与橡皮管起作用的溶液(如

$KMnO_4$、$K_2Cr_2O_7$、碘液等）均不可装入碱式滴定管中。有些需要避光的溶液（如硝酸银、高锰酸钾溶液）应采用棕色滴定管。使用不怕碱的聚四氟乙烯活塞的酸式滴定管也可以用于盛装碱液。

滴定管洗净后，先检查旋塞转动是否灵活，是否漏水。首先关闭旋塞，将滴定管充满水，用滤纸检查旋塞周围和管尖处。然后将旋塞旋转 180 度，直立两分钟，再用滤纸检查。如漏水，酸式管涂凡士林；碱式滴定管检查橡皮管是否老化，玻璃珠是否大小适当，若有问题，应及时更换。

滴定管使用前必须洗涤，洗涤时以不损伤内壁为原则。洗涤前，先用自来水冲洗干净后，关闭旋塞，倒入约 10mL 洗液，打开旋塞，放出少量洗液洗涤管尖，然后边转动边向管口倾斜，使洗液布满全管。最后从管口放出（也可用铬酸洗液浸洗）。然后用自来水冲净。再用蒸馏水洗三次，每次 10 ~ 15mL。碱式滴定管可以将管尖与玻璃珠取下，放入洗液浸洗。管体倒立入洗液中，用吸耳球将洗液吸上洗涤。滴定管在使用前还必须用操作溶液润洗三次，每次 10 ~ 15mL，润洗液弃去，如图 44 所示。

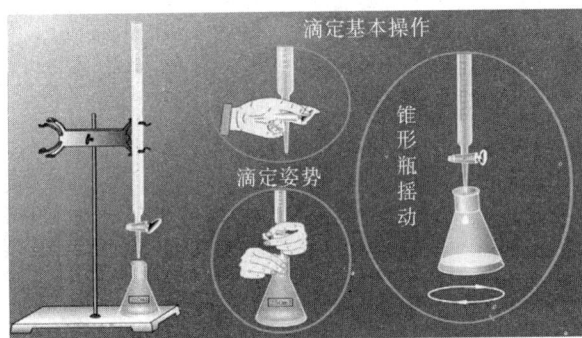

图 44　酸式滴定管的正确操作方法

用操作溶液洗涤后直接将操作溶液注入至零刻度线以上，检查活塞周围是否有气泡。若有，开大活塞使溶液冲出，排出气泡；碱式滴定管排气泡的方法是将管体竖直，左手拇指捏住玻璃珠，使橡胶管弯曲，管尖斜向上约 45°，挤压玻璃珠处胶管，使溶液冲出，以排除气泡，如图 45 所示。

图 45　碱式滴定管的气泡的排除方法

6.离心机的使用

离心机是利用离心力,分离液体与固体颗粒或液体与液体混合物中各组分的机械。主要用于将悬浮液中的固体颗粒与液体分开;或将乳浊液中两种密度不同又互不相溶的液体分开;它也可用于排除湿固体中的液体。

台式电动离心机最高转速 4000r/min,属低速台式离心机。该机由主机和附件组成。其中主机由机壳、离心室、驱动系统、控制系统等部分组成。

附:离心机使用方法

(1)打开门盖先将内腔及转头擦拭干净;

(2)将事先称量一致的离心管放入试管套内,并成偶数对称放入转子试管孔内;

(3)关闭离心机盖,设定时间,合上电源开关,调节调速旋钮,升至所需转速;

(4)确认转子完全停转后,方可打开门盖,小心取出离心管,完成整个分离过程;

(5)工作完毕,必须将调速旋钮置于最小位置,定时器置零,关掉电源开关,切断电源,擦拭内腔及转头,关闭离心机盖。

取洗净的离心试管一只,用滴管滴加 $CaCl_2$ 溶液 1mL 和稀 H_2SO_4 溶液 0.5mL,边滴加边振摇;另取一只相同规格的离心试管,装入等体积的水,对称地放入离心机套管内,然后慢慢启动离心机,进行沉淀的离心操作,如图 46 所示。

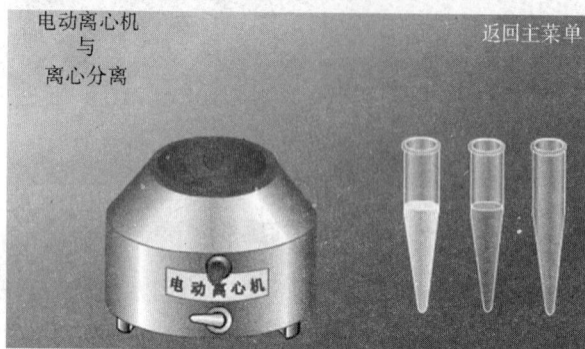

图46　离心机的操作方法

离心后,用一干净的胶头滴管将清液吸出,转移至另一只干净的试管中(注意滴管插入的深度,尖端不应接触沉淀),这样就可将沉淀与清液分开。必要时还应对沉淀进行洗涤,即将少量去离子水加入沉淀中,轻轻搅拌均匀后,再离心操作。反复几次,直到达到要求为止。

7.常压过滤操作

常压过滤是一种最简单和常用的过滤方法,常压过滤的装置如图 47 所示。操作时应根据沉淀性质选择滤纸,一般粗大晶形沉淀用中速滤纸,细晶或无定性沉淀选用慢速滤纸,沉淀为胶体状时应用快速滤纸。使用滤纸时,沿圆心对折两次,呈直角扇形 4 层。按三层一层比例打开呈 60°角圆锥形,置于漏斗中应与漏斗夹角相吻合,且要求滤纸边缘应低于漏斗沿 0.5~1.0cm。撕去三层边的外两层滤纸折角的小角,手指压置滤纸与漏斗壁相贴,再用洗瓶加水润湿滤纸,并驱赶夹层气泡。然后加水到满,在漏斗颈内形成水柱,以便过滤时该水柱重力可起到抽滤作用,加快过滤速度。

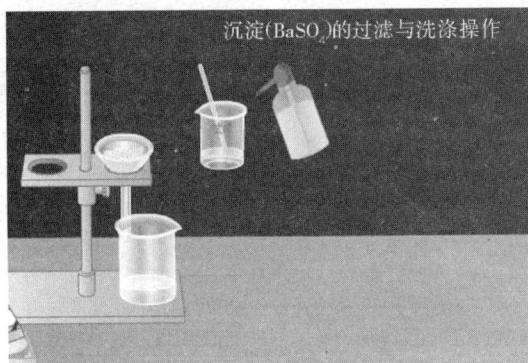

图47　常压过滤的操作方法

过滤时,置漏斗于漏斗架上,漏斗颈与接收容器紧靠,用玻璃棒贴近三层滤纸一边,首先沿玻棒倾入沉淀上层清液,漏斗中液面应低于滤纸上沿 0.5cm 左右。之后,将沉淀用少量洗涤液搅拌洗涤,静置沉淀,再如法倾出上清液。如此多次洗涤沉淀后,即可加少量洗涤液混匀沉淀全部倾入漏斗中。最后洗涤烧杯中残余沉淀几次,分别倾入漏斗,使沉淀全部转移至滤纸上,达到固液分离。

8. 减压过滤操作

取减压离心装置一套,如图 48 所示,将滤纸剪成直径略小于布氏漏斗内径(约1～2mm)的圆形,平铺在布氏漏斗带孔的瓷板上,再用洗瓶挤少许去离子水湿润滤纸,开启循环水式真空泵,使滤纸紧贴在布氏漏斗的瓷板上。然后将待过滤的混合液慢慢地沿玻璃棒倾入布氏漏斗中,进行抽滤。过滤完毕,先将吸滤瓶和安全瓶拆开,再关闭循环水泵的开关。最后将布氏漏斗从吸滤瓶上拿下,用玻璃棒或药匙将沉淀移入盛器内。

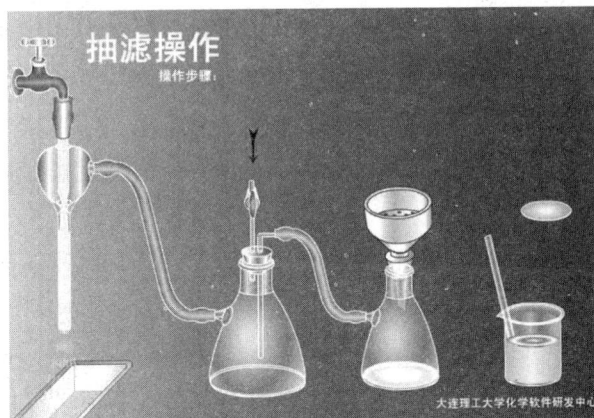

图48　减压过滤装置图

9. pH 试纸的使用

pH 试纸是用多色阶混合酸碱指示剂溶液浸渍滤纸制成的。能对一系列不同的 pH 值显示不同的颜色。

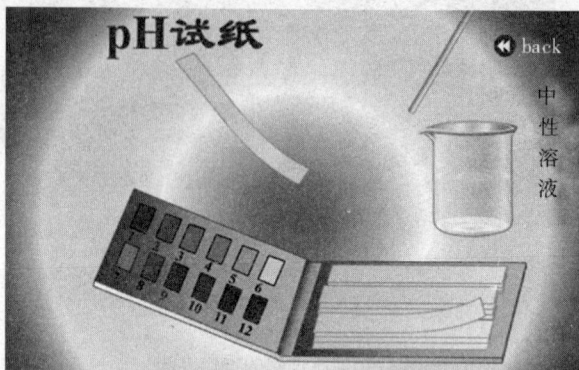

图 49　pH 试纸的正确使用方法

常用的 pH 试纸可以检验气体或液体的酸碱性。用试纸测试溶液的酸碱性时,一般是将一小片试纸放在干净的点滴板上,用洗净并用蒸馏水冲洗过的玻璃棒蘸取待测溶液滴在试纸上,观察其颜色的变化,将试纸所呈现的颜色与标准色板颜色比较,即可测得溶液的 pH 值,如图 49 所示。

10. pH 酸度计的使用

酸度计又称 pH 计,是一种通过测量电势差的方法测定溶液 pH 值的常用仪器。除可测量溶液的 pH 值外,还可用于测量氧化还原电对的电极电势及配合电磁搅拌器进行电位滴定等。酸度计都是由参比电极(饱和甘汞电极)、测量电极(玻璃电极)和精密电位计三部分组成,将参比电极和测量电极合并在一起制成复合体称为复合电极。

附:酸度计的使用方法

(1)仪器接通电源,预热 30 分钟,并将复合电极接到仪器上,固定在电极夹中。

(2)把 pH－mV 开关转到 pH 位置,斜率调节旋钮调节在 100% 的位置(顺时针旋到底);按"温度"键,使仪器进入溶液温度调节状态(此时温度单位℃指示灯闪亮),按"△"键或"▽"键调节温度,使温度显示值和标定溶液温度一致,然后按"确认"键,仪器确认溶液温度值后回到 pH 测量状态。

(3)把用蒸馏水或去离子水清洗过的电极插入 pH6.86 的标准缓冲溶液中,按"标定"键,此时显示实测的电压值,待读数稳定后按"确认"键(此时显示实测的电压值对应该温度下标准缓冲溶液的标称值),然后再按"确认"键,仪器转入"斜率"标定状态。

(4)仪器在"斜率"标定状态下,把用蒸馏水或去离子水清洗过的电极插入 pH4.00(或 pH9.18)的标准缓冲溶液中,此时显示实测的电压值,待读数稳定后按"确认"键(此时显示实测的电压值对应的该温度下标准缓冲溶液的标称值),然后再按"确认"键,仪器自动进入 pH 测量状态。

（5）用蒸馏水清洗电极后即可对被测溶液进行测量。一般情况下,24 小时内仪器不需要再标定,如图 50 所示。

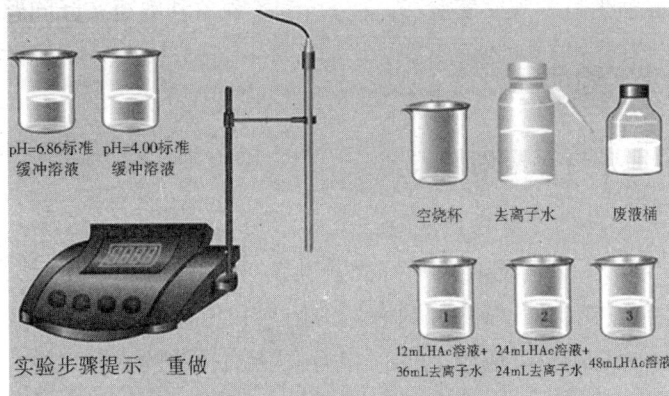

图 50　酸度计的使用方法

把电极用蒸馏水清洗,用滤纸吸干,然后插入待测溶液中,轻轻摇动烧杯,使待测液混合均匀,静置,读出该溶液的 pH 值。进行下一个新样品测定时,要重复上述步骤,再读数。

实验完成后,将电极取下浸入蒸馏水中,将短路插头插入输入端以保护仪器。

五、思考题

1.在实验室里,硫化氢气体中毒该如何处置? 若氯化氢气体中毒该如何处置? 在实验室中不小心打破水银温度计,该如何处理?

2.洗液如何配制? 怎样洗涤玻璃量器? 使用时要注意什么? 玻璃仪器洗净的标准是什么?

3.玻璃仪器的常用干燥方法有哪些? 有刻度的玻璃仪器能用烤干法进行干燥吗?

4.怎样对离心后的沉淀进行洗涤?

5.减压过程中,安全瓶的作用是什么?

6.pH 酸度计由哪几个主要部件组成? 它有哪两个常用功能? 在使用它测定溶液酸度之前,常用哪种方法矫正仪器?

实验二十三　元素及其化合物的性质虚拟仿真实验

一、实验目的

1.了解元素周期律、元素周期表的创制历史和元素周期表的周期、族、区的划分。

2.熟悉元素的原子序数、元素符号、原子结构与核外电子构型,以及元素的基本性质在元素周期表中的递变规律。

3. 掌握主族、副族元素单质及其化合物的基本性质和重要的化学反应,以及常见离子有关特性与它们的鉴别反应。

4. 进一步培养学生科学观察实验、理性分析实验现象和解决实际问题的能力。

二、虚拟仿真实验项目

(一)元素世界与元素周期表

1. 元素世界

通过《元素化学与元素周期表》中的"元素世界"模块,如图 51 所示,了解目前已知的所有元素的故事,从它们的发现、来源到它们的用途和传奇故事,感受化学元素摄人心魄的独特魅力与令人惊奇的广泛应用,激发学生学习无机化学的浓厚兴趣。

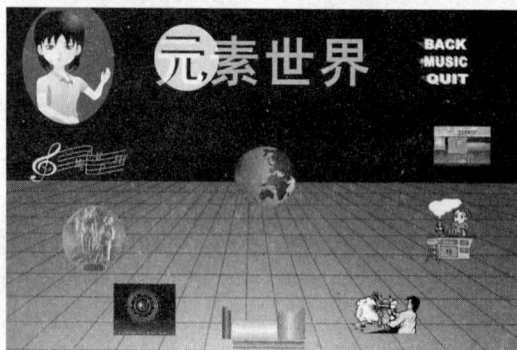

图 51   元素世界知识模块

2. 元素周期表

通过《元素化学与元素周期表》中的"元素周期表"模块,如图 52 所示,了解元素周期律与元素周期表的创制历史,熟悉元素周期表的周期、族、区的划分,掌握元素的原子序数、元素符号、原子结构与核外电子构型,以及元素的基本性质(元素的原子半径、电离能、电子亲和能、电负性)在元素周期表中的递变规律。

图 52   元素周期表模块

（二）焰色反应与离子鉴定

通过《元素鉴定与焰色反应动画演示系统》软件中 FLASH 虚拟仿真实验平台的交互模式,自主探究元素周期表中ⅠA、ⅡA 离子(Na^+、K^+、Ca^{2+}、Sr^{2+}、Ba^{2+})的焰色反应,观察各种离子的特征焰色反应实验现象,总结实验规律,并完成焰色反应在离子鉴定应用模块的实验考核。

1. 焰色反应

焰色反应是某些金属或它们的挥发性化合物在无色火焰中灼烧时使火焰呈现特征性颜色的反应。

(1)钠离子的焰色反应:用洁净的表面皿盛装少许氯化钠固体,点燃一盏新的煤油喷灯,取一条细铂丝,一端绕成一小圈,在煤油灯外焰上灼烧至无黄色火焰,用该端铂丝小圈蘸一下水,再蘸少量氯化钠固体,置于煤油灯外焰上灼烧,观察火焰的颜色(黄色),如图53 所示。

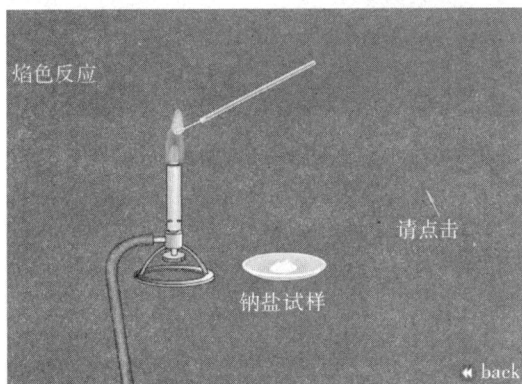

图53　钠离子的焰色反应

(2)钾离子的焰色反应:将碳酸钾粉末充分研细,放置在洁净的表面皿中,点燃一盏新的煤油喷灯,取一条细铂丝,一端绕成一小圈,用该端铂丝小圈蘸一下水,再蘸少量碳酸钾粉末,置于煤油灯外焰上灼烧,隔一块钴玻璃片观察火焰的颜色(紫色)。

(3)钙离子的焰色反应:将无水氯化钙粉末充分研细,放置在洁净的表面皿中,点燃一盏新的煤油喷灯,取一条细铂丝,一端绕成一小圈,用该端铂丝小圈蘸一下水,再蘸少量氯化钙粉末,置于煤油灯外焰上灼烧,观察火焰的颜色(砖红色)。

(4)锶离子的焰色反应:将碳酸锶粉末充分研细,放置在洁净的表面皿中,点燃一盏新的煤油喷灯,取一条细铂丝,一端绕成一小圈,用该端铂丝小圈,蘸一下无水酒精,再蘸少量碳酸锶粉末,置于煤油灯外焰上灼烧,观察火焰的颜色(洋红色)。

(5)钡离子的焰色反应:将氯化钡粉末充分研细,放置在洁净的表面皿中,点燃一盏新的煤油喷灯,取一条细铂丝,一端绕成一小圈,用该端铂丝小圈,蘸一下水,再蘸少量氯化钡粉末,置于煤油灯外焰上灼烧,观察火焰的颜色(黄绿色)。

2. 焰色反应在离子鉴定上的应用

从焰色反应实验里看到的特征焰色就是光谱谱线的颜色,每种元素的光谱都有一些特征谱线,发出特征颜色而使火焰着色,因此,可根据焰色判断某种元素在化合物中的存在。

通过虚拟仿真实验操作,观察各种离子的特征焰色反应现象,总结实验规律,根据焰色反应所呈现的特征颜色,逐一将离子对应至方框里,完成焰色反应在离子鉴定上的应用模块的实验考核,如图 54 所示。

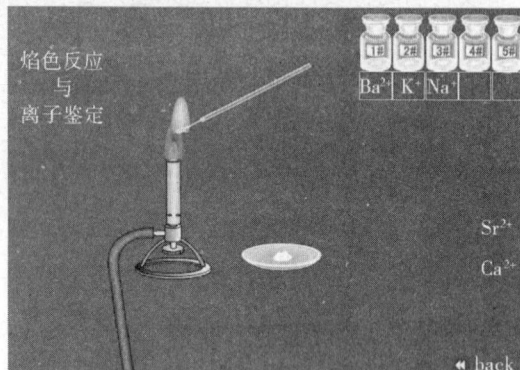

图 54　焰色反应在离子鉴定上的应用

(三)元素及其化合物的性质

通过《元素及其化合物的性质》软件中的验证性虚拟仿真实验操作模块的学习,帮助学生尽快熟悉元素单质及其化合物的基本性质,了解与之相关联的重要化学反应,掌握常见离子未知溶液的定性分析方法,实现实验预习和完全自主学习。

1. 主族元素(卤素、氧、硫、氮、磷、硼)的性质

(1)卤素:周期表中第ⅦA 族元素包括氟、氯、溴、碘和砹 5 种元素,因为它们都与碱金属作用生成典型的盐,故通称卤族元素或卤素。

卤素的标准电极电势:$E^{\theta}_{Cl_2/Cl^-} > E^{\theta}_{Br_2/Br^-} > E^{\theta}_{I_2/I^-}$,单质的氧化性强弱为:$Cl_2 > Br_2 > I_2$,氯水和溴水在碱性条件下,常发生歧化反应,如图 55 所示。离子的还原性强弱为:$I^- > Br^- > Cl^-$。卤素的含氧酸盐都具有氧化性,次氯酸盐是强氧化剂,在酸性介质中表现出明显的氧化性。

次卤酸极不稳定,仅能存在于水溶液中,在室温按下列 2 种方式进行分解:

$$2HXO = 2HX + O_2$$
$$3HXO = 2HX + HXO_3$$

次氯酸的强氧化性和漂白杀菌能力就是基于它的分解反应。

次卤酸的第二种分解反应,也是它的歧化反应。在中性介质中,仅次氯酸会发生歧化反应,而在碱性介质中,卤素单质、次卤酸盐都发生歧化反应。

$$X_2 + 2OH^- = X^- + XO^- + H_2O$$

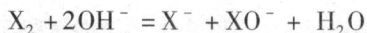

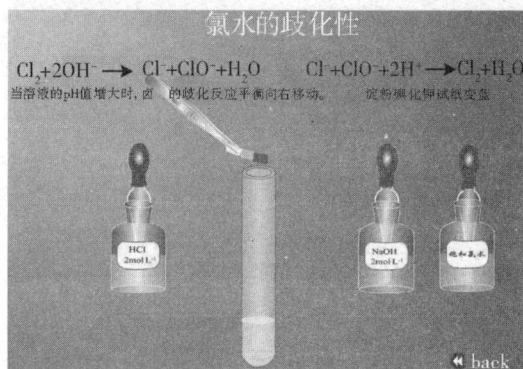

图 55　氯水的验证性虚拟仿真实验

通过《元素及其化合物的性质》软件中的系列验证性虚拟仿真实验操作模块,如图 56 所示,将卤素单质及其化合物的这些重要性质逐一验证。

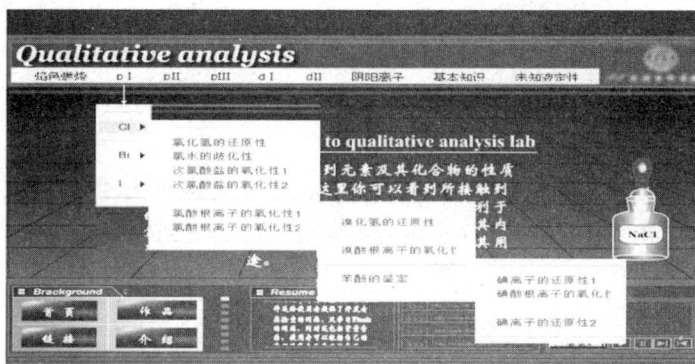

图 56　卤素单质及其化合物的验证性虚拟仿真实验操作模块

(2)氧、硫

氧、硫属于氧族元素,在周期系的第ⅥA 族,其价电子层结构为 ns^2np^4,有 6 个价电子,决定了它们都具有非金属元素特性。它们都能结合两个电子,形成氧化数为 -2 的离子化合物或共价化合物。同时,硫的价电子层中的空 nd 轨道也可参加成键,所以可显示 $+2$、$+4$、$+6$ 氧化态。所形成的重要化合物有过氧化氢、硫化氢、金属硫化物和硫的含氧酸及其盐。其中,硫化氢和硫化物中的硫处于最低氧化态,因此只具有还原性,如图 57 所示:

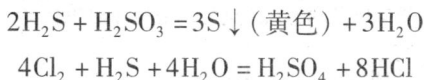

$$2H_2S + H_2SO_3 = 3S\downarrow(黄色) + 3H_2O$$
$$4Cl_2 + H_2S + 4H_2O = H_2SO_4 + 8HCl$$

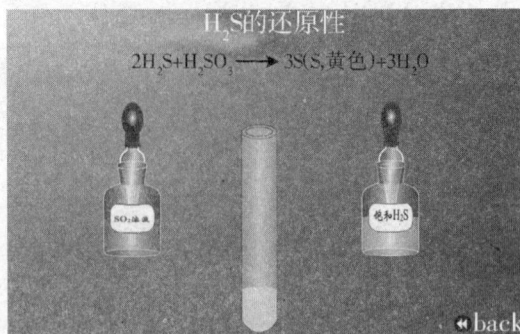

图 57 S^{2-} 离子的还原性虚拟仿真实验

通过《元素及其化合物的性质》软件中的验证性虚拟仿真实验操作模块,将硫元素单质及其化合物的这些重要性质逐一验证。

(3)氮、磷

氮、磷属于氮族元素,在周期系的第 VA 族,其价电子层结构为 ns^2np^3,价电子层中 p 轨道处于半充满状态,结构稳定,与卤族、氧族比较,要获得或失去电子形成 -3 或 $+3$ 价的离子都较为困难,因此形成共价化合物是本族元素的特征,主要形成 -3、$+3$、$+5$ 三个氧化数的共价化合物。氮和磷是典型的非金属,所形成的重要化合物有氨、铵盐、氮的含氧酸及其盐和磷酸及其盐。

硝酸分子中 N 原子具有最高价态,它最突出的性质是强氧化性,稀硝酸都具有强氧化性,如图 58 所示。在氧化还原反应中,硝酸主要被还原为下列物质。

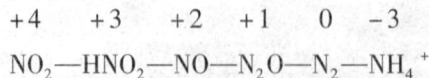

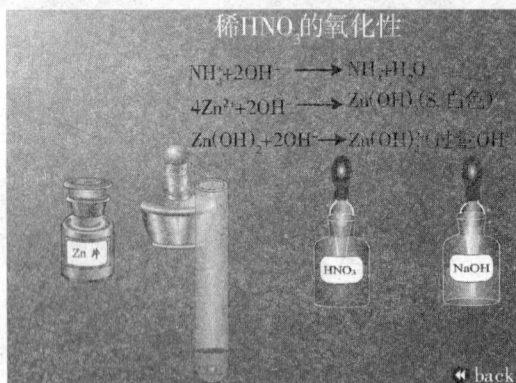

$$\overset{+4}{NO_2}—\overset{+3}{HNO_2}—\overset{+2}{NO}—\overset{+1}{N_2O}—\overset{0}{N_2}—\overset{-3}{NH_4^+}$$

图 58 稀硝酸的强氧化性验证性虚拟仿真实验

通过《元素及其化合物的性质》软件中的验证性虚拟仿真实验操作模块,将氮、磷及其化合物的这些重要性质逐一验证。

(4)硼

硼属于硼族元素,在周期系的第ⅢA 族,是该族元素中唯一的非金属元素,其价电子层结构为$2s^22p^1$,价电子数少于价电子层轨道数,故称为"缺电子原子"。它形成的氧化数为 +3 的共价化合物,由于成键电子对数少于中心原子的价键轨道数,比稀有气体构型缺少一对电子,被称为"缺电子化合物",重要化合物有乙硼烷、硼酸、硼砂。

硼砂珠虚拟仿真实验:此法是利用熔融的硼砂能与多数金属元素的氧化物及盐类形成各种不同颜色化合物的特性,在分析化学上常用硼砂来鉴定金属离子。Co^{2+}为兰宝石色,Cr^{3+}为绿色,Ni^{2+}为淡红色,Fe^{3+}为黄色,可以用来定性分析金属元素。用铂丝圈蘸取少许硼砂($Na_2B_4O_7 \cdot 10H_2O$),灼烧熔融,使生成无色玻璃状小珠,再蘸取少量被测试样的粉末或溶液,继续灼烧,小珠即呈现不同的颜色,借此可以检验某些金属元素的存在。如图 59、60 所示。

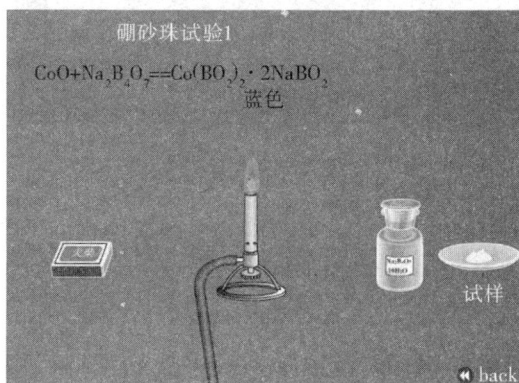

图 59 Co^{2+} 的硼砂珠实验

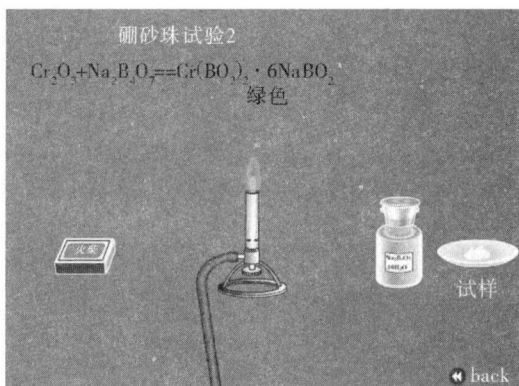

图 60 Cr^{3+} 的硼砂珠实验

Co^{2+}的硼砂珠实验:$Na_2B_4O_7 + CoO_2 \xrightarrow{\text{加热}} 2NaBO_2 \cdot Co(BO_2)_2$(蓝宝石色)

Cr^{3+}的硼砂珠实验:$Na_2B_4O_7 + Cr_2O_3 \xrightarrow{\text{加热}} Cr(BO_2)_2 \cdot 6Na_2BO_2$(绿色)

2. 副族元素(铁、铬、锰、钴、银)的性质

(1)铁

铁是第四周期Ⅷ族元素,价层电子构型为$3d^64s^2$,常见的氧化值为 +3 和 +2,最高氧

化值为 +6。Fe^{3+} 和 Fe^{2+} 由于半径较小,d 轨道又未完全充满电子,可与 X^-、CN^-、SCN^-、$C_2O_4^{2-}$ 和 PO_4^{3-} 等许多配体形成稳定的八面体型配合物。其中 Fe^{3+} 与 SCN^- 作用,将生成血红色的 $[Fe(NCS)_n]^{3-n}$,如图 61 所示,该反应为鉴定 Fe^{3+} 的特效反应:

$$Fe^{3+} + nSCN^- = [Fe(SCN)_n]^{3-n}(血红色)$$

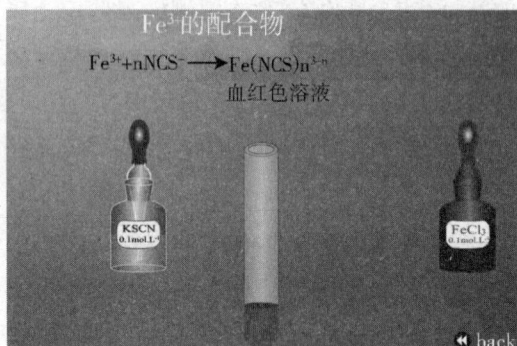

图 61　Fe^{3+} 离子特效显色反应的虚拟仿真实验

通过《元素及其化合物的性质》软件中的验证性虚拟仿真实验操作模块,将铁元素的主要化合物的这些重要性质逐一验证。

(2)铬

铬是周期系ⅥB 族元素,常见的氧化数有 +2、+3、+7。$Cr(Ⅲ)$盐溶液与适量氨水或 $NaOH$ 溶液作用时,即有灰绿色 $Cr(OH)_3$ 胶状沉淀生成,其具备两性。由 $Cr(Ⅲ)$ 氧化成 $Cr(Ⅵ)$,需加入氧化剂,且在碱性介质中进行,如:

$$2CrO_2^- + 3H_2O_2 + 2OH^- = 2CrO_4^{2-} + 4H_2O$$

而 $Cr(Ⅵ)$ 还原成 $Cr(Ⅲ)$,需加入还原剂,且在酸性介质中进行,如

$$Cr_2O_7^{2-} + 3S^{2-} + 14H^+ = 2Cr^{3+} + 3S + 7H_2O$$

铬酸盐和重铬酸盐在溶液中存在下列平衡(如图 62 所示):

$$2CrO_4^{2-} + 2H^+ = Cr_2O_7^{2-} + H_2O$$

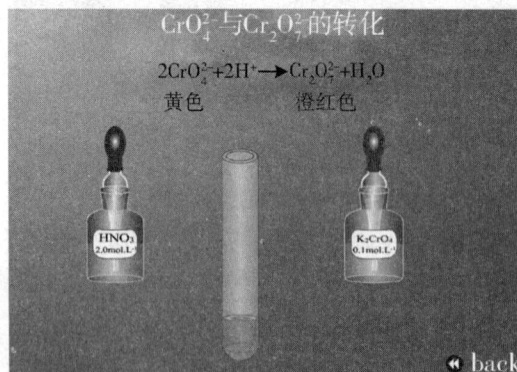

图 62　铬酸根离子与重铬酸根离子相互转化的虚拟仿真实验

加酸或碱可使平衡移动。一般多酸盐溶解度比单酸盐大,故在 $K_2Cr_2O_7$ 溶液中加入 Pb^{2+},实际生成 $PbCrO_4$ 黄色沉淀。

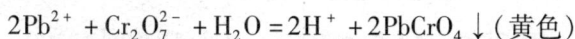

$$2Pb^{2+} + Cr_2O_7^{2-} + H_2O = 2H^+ + 2PbCrO_4 \downarrow (黄色)$$

通过《元素及其化合物的性质》软件中的验证性虚拟仿真实验操作模块,将铬元素的主要化合物的这些重要性质逐一验证。

(3)锰

锰是周期系ⅦB元素,常见的氧化数有 +2、+4、+6、+7,Mn(Ⅳ)的化合物中,最重要的是 MnO_2,它在酸性介质中是强氧化剂。Mn(Ⅵ)由 MnO_2 和强碱在氧化剂 $KClO_3$ 的作用下加强热而制得,绿色锰酸钾溶液极易歧化:

$$3K_2MnO_4 + 2H_2O = 2KMnO_4 + MnO_2 + 4KOH$$

K_2MnO_4 可被 Cl_2 氧化成 $KMnO_4$。

$KMnO_4$ 是强氧化剂,它的还原产物随介质酸碱性不同而异。MnO_4^- 在酸性溶液中被还原成 Mn^{2+},在中性溶液中被还原为 MnO_2,在强碱性介质中被还原成绿色的 MnO_4^{2-},如图 63 所示。

$KMnO_4$ 在近中性溶液中作氧化剂时,还原产物为 MnO_2。例如:

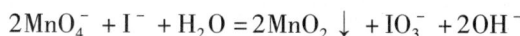

$$2MnO_4^- + I^- + H_2O = 2MnO_2 \downarrow + IO_3^- + 2OH^-$$

$KMnO_4$ 在强碱性介质中作氧化剂时,其还原产物为 MnO_4^{2-}。例如:

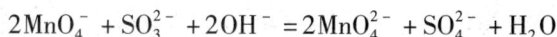

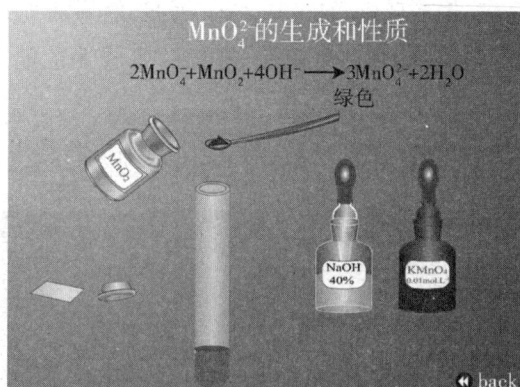

$$2MnO_4^- + SO_3^{2-} + 2OH^- = 2MnO_4^{2-} + SO_4^{2-} + H_2O$$

图 63　高锰酸根离子的生成与性质虚拟仿真实验

通过《元素及其化合物的性质》软件中的验证性虚拟仿真实验操作模块,将锰元素的主要化合物的这些重要性质逐一验证。

(4)钴

钴是Ⅷ族元素,常见氧化数为 +2、+3。Co^{2+} 可以与 NH_3、SCN^-、EDTA 形成配合物,其中 Co^{2+} 与 SCN^- 形成蓝色的配离子 $[Co(SCN)_4]^{2-}$,常用来鉴定 Co^{2+} 离子,如图 64 所示:

$$Co^{2+} + 4SCN^- \xrightarrow{丙酮} [Co(SCN)_4]^{2-}（蓝色）$$

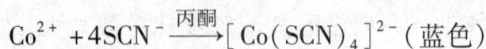

由于电对 Co^{3+}/Co^{2+} 的标准电极电势很高，通常，Co^{3+} 在水溶液中不易形成配离子。

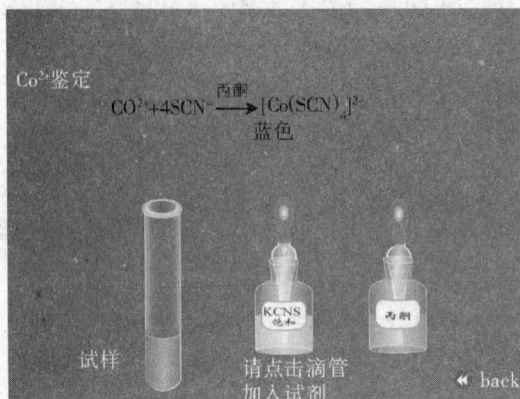

图64　Co^{2+} 离子的特效显色反应虚拟仿真实验

通过《元素及其化合物的性质》软件中的验证性虚拟仿真实验操作模块，将钴元素的主要化合物的这些重要性质逐一验证。

（5）银

银是周期系 I B 族元素，在化合物中 Ag 的常见氧化数为 +1。Ag^+ 离子可与氨水作用，生成无色配离子 $[Ag(NH_3)_2]^+$，Ag^+ 离子可以与 I^- 反应，生成黄色的 AgI 沉淀。Ag^+ 离子也可以与 CrO_4^{2-} 反应，生成砖红色的 Ag_2CrO_4 沉淀，然后滴加 NaCl 溶液，生成白色的 AgCl 沉淀，再加入过量的浓氨水，则白色沉淀被溶解，生成无色配离子 $[Ag(NH_3)_2]^+$，如图65所示，相关反应方程如下：

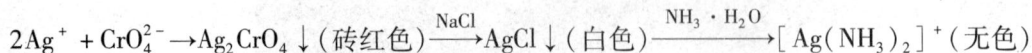

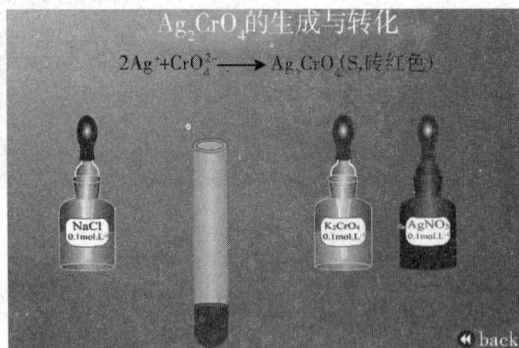

$$2Ag^+ + CrO_4^{2-} \rightarrow Ag_2CrO_4 \downarrow（砖红色）\xrightarrow{NaCl} AgCl \downarrow（白色）\xrightarrow{NH_3 \cdot H_2O} [Ag(NH_3)_2]^+（无色）$$

图65　Ag_2CrO_4 的生成与转化虚拟仿真实验

通过《元素及其化合物的性质》软件中的验证性虚拟仿真实验操作模块，将银元素的主要化合物的这些重要性质逐一验证。

3. 常见阳离子未知溶液的定性分析

在某未知混合溶液中,可能含有 Cu^{2+}、Ag^+、Hg^{2+} 离子中的一种或数种,请根据虚拟实验室所提供的试剂,自主设计分离鉴定试验方案,完成该虚拟仿真实验项目,如图 66 所示,熟悉常见阳离子的有关特性并掌握它们的鉴别反应。

图66　常见阳离子未知溶液的定性分析模块

附:常见阳离子未知溶液的定性分析试验方案

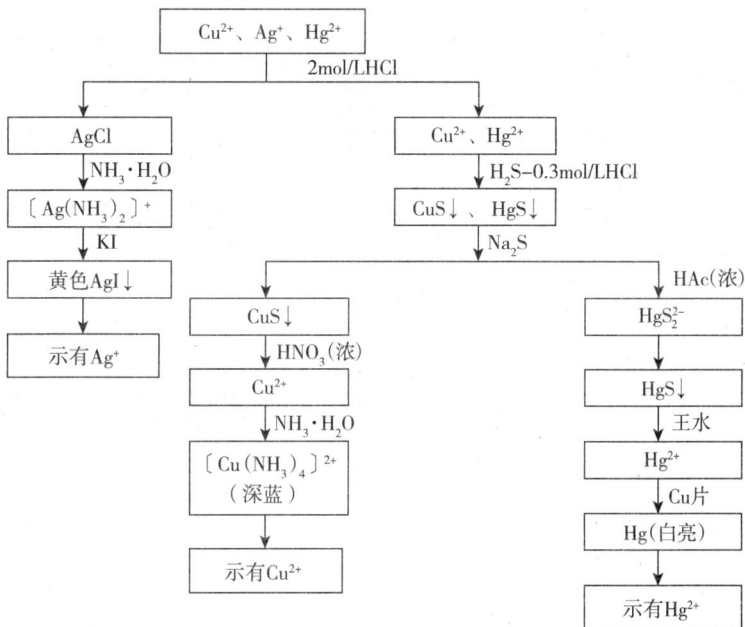

4. 常见阴离子未知溶液的定性分析

在某未知混合溶液中,可能含有 Cl^-、Br^-、I^- 离子中的一种或数种,请根据虚拟实验室所提供的试剂,自主设计分离鉴定试验方案,完成该虚拟仿真实验项目,如图 67 所示,熟悉常见阴离子的有关特性并掌握它们的鉴别反应。

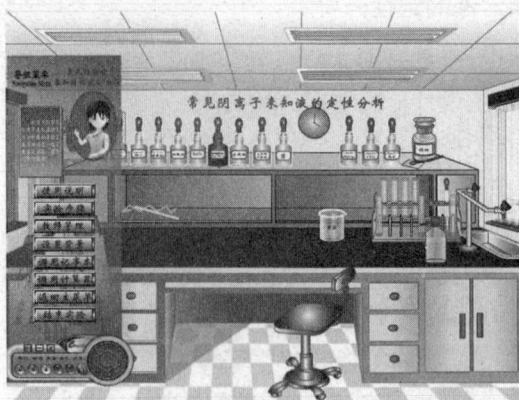

图67 常见阴离子未知溶液的定性分析模块

附:常见阴离子未知溶液的定性分析试验方案

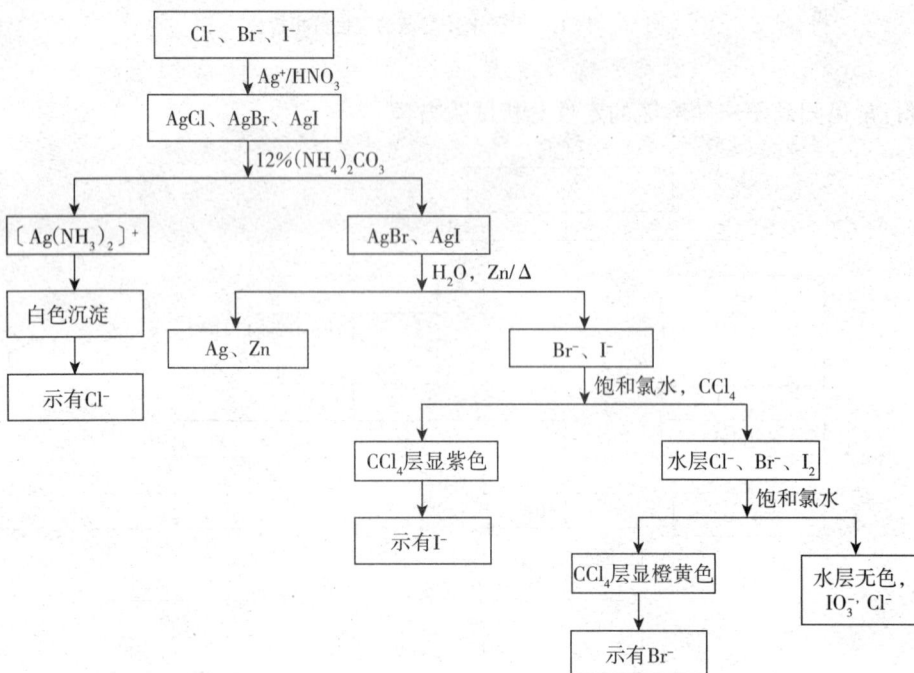

五、思考题

1. 根据焰色反应的实验现象,完成下列表格。

试样	钾盐	钠盐		钙盐	
焰色		黄绿色			洋红色

2. 为什么能用硼砂珠来鉴定金属氧化物或盐类? 如果不用硼砂而用硼酸代替,是否

可以?

3. 在氧化性、还原性实验中,稀 HNO_3、稀 HCl 和浓 H_2SO_4 是否可以代替稀 H_2SO_4 酸化试液,为什么?

4. 为什么在重铬酸钾溶液中滴加 $BaCl_2$ 溶液得到的却是铬酸钡沉淀?

5. 实验室有 4 瓶未知溶液,分别可能是 $Cu(NO_3)_2$、$AgNO_3$、$HgCl_2$、Hg_2Cl_2 溶液,试选用一种合适的试剂将它们鉴别,并写出相关反应和实验现象。

附　录

附录一　实验室常用试剂的配制

一、酸溶液

试剂名称	密度(20℃) g·mL^{-1}	质量分数/%	物质的量浓度 mol·L^{-1}	配制方法
浓盐酸 HCl	1.19	37.23	12	
稀盐酸 HCl	1.10	20.4	6	浓盐酸 496mL 用水稀释至 1000mL
稀盐酸 HCl	1.03	7.15	2	浓盐酸 167mL 用水稀释至 1000mL
浓硝酸 HNO$_3$	1.40	68	15	
稀硝酸 HNO$_3$	1.20	32	6	浓硝酸 375mL 用水稀释至 1000mL
浓硫酸 H$_2$SO$_4$	1.84	98	18	
稀硫酸 H$_2$SO$_4$	1.34	44	6	浓 H$_2$SO$_4$334mL 慢慢加到 600mL 水中,并不断搅拌,再用水稀释至 1000mL
浓醋酸 HAc	1.05	99	17	
稀醋酸 HAc	1.04	35	6	浓醋酸 353mL 用水稀释至 1000mL
稀醋酸 HAc	1.02	12	2	浓醋酸 118mL 用水稀释至 1000mL
浓磷酸 H$_3$PO$_4$	1.69	85	14.7	
浓氢氟酸 HF	1.15	48	27.6	
高氯酸 HClO$_4$	1.12	19	2	

二、碱溶液

试剂名称	密度(20℃) g·mL^{-1}	质量分数/%	物质的量浓度 mol·L^{-1}	配制方法
氢氧化钠 NaOH	1.22	20	6	240gNaOH 溶于水中稀释至 1000mL
氢氧化钠 NaOH	1.09	8	2	80gNaOH 溶于水中稀释至 1000mL
氢氧化钾 KOH	1.25	26	6	337gKOH 溶于水中稀释至 1000mL
浓氨水 NH$_3$·H$_2$O	0.90	25~27	15	
稀氨水 NH$_3$·H$_2$O	0.96	10	6	浓氨水 400mL 加水稀释至 1000mL
氢氧化钙 Ca(OH)$_2$	–	–	0.025	饱和溶液
氢氧化钡 Ba(OH)$_2$	–	–	0.2	饱和溶液

三、盐溶液

试剂名称	摩尔质量 g·mol⁻¹	物质的量浓度 mol·L⁻¹	配制方法
氯化铵 NH_4Cl	53.5	1	溶解53.5g,用水稀释至1000mL
氯化铵 NH_4Cl	53.5	3	溶解160gNH_4Cl,用水稀释至1000mL
硝酸铵 NH_4NO_3	80	1	溶解80gNH_4NO_3,用水稀释至1000mL
硝酸铵 NH_4NO_3	80	2.5	溶解200gNH_4NO_3,用水稀释至1000mL
硫酸铵 $(NH_4)_2SO_4$	132	1	溶解132g,用水稀释至1000mL
氯化钾 KCl	74.5	1	溶解74.5g,用水稀释至1000mL
碘化钾 KI	166	1	溶解166g,用水稀释至1000mL
铬酸钾 K_2CrO_4	194.2	1	溶解194g,用水稀释至1000mL
高锰酸钾 $KMnO_4$	158.0	饱和液	溶解70g,用水稀释至1000mL
高锰酸钾 $KMnO_4$	158	0.01	溶解1.6g,用水稀释至1000mL
高锰酸钾 $KMnO_4$	158	0.03%	溶解0.3g,加水稀释至1000mL
铁氰化钾 $K_3Fe(CN)_6$	329.2	1	溶解329g,加水稀释至1000mL
亚铁氰化钾 $K_4Fe(CN)_6 \cdot 3H_2O$	422.4	1	溶解422.4g$K_4Fe(CN)_6 \cdot 3H_2O$,加水稀释至1000mL
醋酸钠 $NaAc \cdot 3H_2O$	136.1	1	溶解136g$NaAc \cdot 3H_2O$加水稀释至1000mL
硫代硫酸钠 $Na_2S_2O_3 \cdot 5H_2O$	248.2	0.1	溶解24.82g$Na_2S_2O_3 \cdot 5H_2O$于水中加水稀释至1000mL
磷酸氢二钠 $Na_2HPO_4 \cdot 12H_2O$	358.2	0.1	溶解35.82g$Na_2HPO_4 \cdot 12H_2O$于水中,加水稀释至1000mL
碳酸钠 Na_2CO_3	106.0	1	溶解106.0gNa_2CO_3于水中,加水稀释至1000mL
硝酸银 $AgNO_3$	169.87	0.1	用水溶解17.0g$AgNO_3$,加水稀释至1000mL
氯化钡 $BaCl_2 \cdot 2H_2O$	244.3	10%	溶解100g$BaCl_2 \cdot 2H_2O$于水中,稀释至1000mL
氯化钡 $BaCl_2 \cdot 2H_2O$	244.3	0.1	溶解24.4g$BaCl_2 \cdot 2H_2O$于水中,加水稀释至1000mL
硫酸亚铁 $FeSO_4 \cdot 7H_2O$	278.0	1	用适量稀硫酸溶解278g$FeSO_4 \cdot 7H_2O$,加水稀释至1000mL
氯化铁 $FeCl_3 \cdot 6H_2O$	270.3	1	溶解270g$FeCl_3 \cdot 6H_2O$于适量浓盐酸中,加水稀释至1000mL
醋酸铅 $Pb(Ac)_2 \cdot 3H_2O$	379	1	溶解379g固体于水中,加水稀释至1000mL
氯化亚锡 $SnCl_2 \cdot 2H_2O$	225.6	0.1	溶解22.5g$SnCl_2 \cdot 2H_2O$于150mL浓盐酸中,加水稀释至1000mL,加入纯锡数粒,以防止氧化
硫酸锌 $ZnSO_4 \cdot 7H_2O$	287	饱和液	溶解约900g$ZnSO_4 \cdot 7H_2O$于水中,加水稀释至1000mL
硫酸锌 $ZnSO_4 \cdot 7H_2O$	287	5%	溶解5g固体于水中,加水至1000mL

四、常用的缓冲溶液

pH 值	配制方法
0	$1 mol \cdot L^{-1}$ 盐酸
1	$0.1 mol \cdot L^{-1}$ 盐酸
2	$0.01 mol \cdot L^{-1}$ 盐酸
3.6	$NaAc \cdot 3H_2O$ 8g,溶于适量水中,加 $6 mol \cdot L^{-1}$ HAc 134mL,加水稀释至 500mL
4.0	$NaAc \cdot 3H_2O$ 20g,溶于适量水中,加 $6 mol \cdot L^{-1}$ HAc 134mL,加水稀释至 500mL
	$0.1 mol \cdot L^{-1}$ NaOH 0.4mL,加入 50.0mL $0.1 mol \cdot L^{-1}$ $KHC_8H_4O_4$(邻苯二甲酸氢钾),加水稀释至 100mL
4.5	$NaAc \cdot 3H_2O$ 32g,溶于适量水中,加 $6 mol \cdot L^{-1}$ HAc 68mL,加水稀释至 500mL
5.0	$NaAc \cdot 3H_2O$ 50g,溶于适量水中,加 $6 mol \cdot L^{-1}$ HAc 34mL,加水稀释至 500mL
5.7	$NaAc \cdot 3H_2O$ 100g,溶于适量水中,加 $6 mol \cdot L^{-1}$ HAc 13mL,加水稀释至 500mL
7.0	NH_4Ac 77g,用水溶解后,加水稀释至 500mL
	$0.1 mol \cdot L^{-1}$ NaOH 9.63mL,加入 50mL $0.1 mol \cdot L^{-1}$ KH_2PO_4 50mL,再加水稀释至 500mL
7.5	NH_4Cl 60g 溶于适量水中,加 $15 mol \cdot L^{-1}$ 氨水 1.4mL,加水稀释至 500mL
8.0	NH_4Cl 50g 溶于适量水中,加 $15 mol \cdot L^{-1}$ 氨水 3.5mL,加水稀释至 500mL
8.5	NH_4Cl 140g 溶于适量水中,加 $15 mol \cdot L^{-1}$ 氨水 8.8mL,稀释至 500mL
9.0	NH_4Cl 35g 溶于适量水中,加 $15 mol \cdot L^{-1}$ 氨水 24mL,加水稀释至 500mL
9.5	NH_4Cl 30g 溶于适量水中,加 $15 mol \cdot L^{-1}$ 氨水 65mL,加水稀释至 500mL
10.0	NH_4Cl 27g 溶于适量水中,加 $15 mol \cdot L^{-1}$ 氨水 197mL,加水稀释至 500mL
10.5	NH_4Cl 9g 溶于适量水中,加 $15 mol \cdot L^{-1}$ 氨水 175mL,加水稀释至 500mL
12	$0.01 mol \cdot L^{-1}$ NaOH
13	$0.1 mol \cdot L^{-1}$ NaOH

五、特殊试剂

试剂名称	用途	配制方法
过氧化氢($3\% H_2O_2$)	消毒灭菌;鉴定 Cr^{3+} 离子	将 10mL 30% 过氧化氢用水稀释到 1000mL
氯水	鉴定 Br^-、I^- 用	通 Cl_2 于水中至饱和为止
碘溶液	鉴定 AsO_3^{3-} 用	溶 1.3g 碘与 3g KI 于尽可能少量的水中,加水稀释至 1000mL(浓度约为 $0.01 mol \cdot L^{-1}$)
茜素	鉴定 Al^{3+}、F^- 用	溶解茜素于 95% 的乙醇中,直至饱和
镁试剂(对-硝基苯偶氮-间苯二酚)	鉴定 Mg^{2+} 离子用	溶解 0.01g 镁试剂于 1000mL 的 $1 mol \cdot L^{-1}$ NaOH 溶液中
邻二氮菲	鉴定 Fe^{2+} 用	0.5% 水溶液
奈斯勒试剂	鉴定 NH_4^+ 用	溶解 115g HgI_2 和 80g KI 于水中,加水稀释至 500mL,加入 500mL $6 mol \cdot L^{-1}$ NaOH 溶液,静置后,吸取其溶液。试剂宜藏于阴暗处
丁二酮肟	鉴定 Ni^{2+} 用	溶解 10g 丁二酮肟于 1000mL 95% 的乙醇中

附录二 常用的酸碱指示剂

指示剂名称	变色范围(pH)	颜色变化		配制方法	用量 (滴/10mL 试液)
		酸色	碱色		
百里酚蓝	1.2 ~ 2.8	红	黄	0.1%的20%酒精溶液	1~2
甲基黄	2.9 ~ 4.0	红	黄	0.1%的90%酒精溶液	1
甲基橙	3.1 ~ 4.4	红	黄	0.05%的水溶液	1
溴酚蓝	3.0 ~ 4.6	黄	蓝紫	0.1%的20%酒精溶液	1
甲基红	4.2 ~ 6.2	红	黄	0.1%的60%酒精溶液	1
溴百里酚蓝 (溴麝香草酚蓝)	6.2 ~ 7.6	黄	蓝	0.1%的20%酒精溶液	1
中性红	6.8 ~ 8.0	红	黄	0.1%的60%酒精溶液	1
酚红	6.7 ~ 8.4	黄	红	0.1%的60%酒精溶液	1
酚酞	8.0 ~ 10.0	无色	红	0.5%的90%酒精溶液	1~3
百里酚酞	9.4 ~10.6	无色	蓝	0.1%的90%酒精溶液	1~2
茜素黄	10.1 ~12.1	黄	紫	0.1%的水溶液	1
1,3,5-三硝基苯	12.2 ~14.0	无色	蓝	0.18%的90%酒精溶液	1~2

附录三 常见离子和化合物的颜色

一、常见离子的颜色(水溶液中)

离子	颜色	离子	颜色	离子	颜色
$[Ag(NH_3)_2]^+$	无色	$Cr_2O_7^{2-}$	橘红色	$[HgI_4]^{2-}$	黄色
$[Ag(S_2O_3)_2]^{3-}$	无色	$[CuCl_4]^{2-}$	黄色	Mn^{2+}	浅粉红
Co^{2+}	桃红	$[Cu(OH)_4]^{2-}$	蓝色	MnO_4^-	紫色
$[Co(CN)_6]^{3-}$	紫色	$[Cu(NH_3)_4]^{2+}$	深蓝色	MnO_4^{2-}	绿色
$[Co(NH_3)_6]^{2+}$	橙黄	Fe^{3+}	浅紫	$[Ni(CN)_4]^{2-}$	无色
$[Co(NH_3)_6]^{3+}$	酒红	$[Fe(CN)_6]^{3-}$	无色	$[Ni(NH_3)_6]^{2+}$	紫色
$[Co(NO_2)_6]^{3-}$	黄色	$[Fe(CN)_6]^{4-}$	黄色	SCN^-	无色
CrO_4^{2-}	橘黄色	$[HgCl_4]^{2-}$	无色	$[Zn(NH_3)_4]^{2+}$	无色

二、常见化合物的颜色

化合物	颜色	化合物	颜色	化合物	颜色
Ag_2O	棕黑	Cu_2S	蓝~灰黑	K_2CrO_4	柠檬黄
Ag_2S	灰黑	$Cr(OH)_3$	灰绿	KSCN	无色
AgSCN	无色	Cr_2O_3	亮绿	$KMnO_4$	紫色
AgBr	淡黄	$CrCl_3$	暗绿	$K_2S_2O_3$	无色
AgCl	白色	Cl_2	黄绿	$K_2Cr_2O_7$	橘红
AgI	黄色	$FeCl_3$	暗红	K_2MnO_4	绿色
Ag_2CrO_4	砖红色	$Fe(OH)_3$	红~棕	K_2SO_4	无色或白色
$Ag_2Cr_2O_7$	无色	Fe_2O_3	红棕	KNO_3	无色
$AgNO_3$	无色	Fe_2S_3	黄绿	$MgSO_4 \cdot 7H_2O$	白色
$Al(OH)_3$	白色	$FeCl_2$	灰绿	$MnSO_4$	淡红
As_2O_3	白色	$FeSO_4 \cdot 7H_2O$	蓝绿	MnS	浅红
$BaCl_2$	白色	FeS	黑色	$MnCl_2$	淡红
$BaCrO_4$	黄色	$HgNH_2Cl$	白色	MnO_2	紫黑
$Ba(OH)_2$	白色	Hg_2Cl_2	白色	$NaHCO_3$	白色
$BaSO_4$	白色	HgI_2	猩红	Na_2CO_3	白色
$Br_2(l)$	棕红	$Hg(NO_3)_2 \cdot H_2O$	无色,微黄	$Na_2CO_3 \cdot 10H_2O$	无色
$Ca(ClO)_2$	白色	HgO	亮红	NaCl	白色
$Ca_3(PO_4)_2$	白色	$Hg(NO_3)_2$	无色	Na_2CrO_4	黄色
$CaHPO_4$	白色	HgS	黑色	$Na_2Cr_2O_7$	橘红
$Ca(H_2PO_4)_2$	无色	HgS	红色	NaF	无色
$CaCO_3$	白色	$HgCl_2$	白色	NaI	白色
$CaCl_2$	白色	Hg_2I_2	亮黄	NaAc	白色
$CaSO_4$	白色	$H_2O_2(l)$	无色	$Na_2S_2O_3$	白色
$CaCrO_4$	黄色	I_2	紫黑	Na_2HPO_4	白色
$CdCl_2$	无色,白色	KCl	白色	NaH_2PO_4	白色
CdS	淡黄	K_2SO_3	白色	Na_3PO_4	白色
$CoSO_4$	红色	KOH	白色	Na_2SO_4	白色
$CoCl_2 \cdot 6H_2O$	粉红	KBr	白色	$Na_2S_2O_3$	白色
Cu_2O	红棕	KNO_2	白色,微黄色	$Na_2SO_4 \cdot 10H_2O$	无色
CuO	黑色	KI	白色	Na_2S	白色
$Cu(OH)_2$	蓝色	KIO_3	白色	Na_2SO_3	白色
$CuSO_4$	灰白	KCN	白色	$Na_2B_4O_7$	白色
$CuSO_4 \cdot 5H_2O$	蓝色	$K_3Fe(CN)_6$	宝石红	NH_4NO_3	无色,白色
CuS	黑色	$K_4Fe(CN)_6$	黄色	$(NH_4)_2S_2O_8$	白色

化合物	颜色	化合物	颜色	化合物	颜色
NH_4F	白色	$Ni(OH)_2$	苹果绿	$PbSO_4$	白色
$(NH_4)_2HPO_4$	白色	$NiSO_4$	翠绿	PbS	黑色
$(NH_4)H_2PO_4$	白色	NiS	黑色	SnS	棕色
$(NH_4)_2SO_4$	无色	$Pb(Ac)_2$	无色,白色	$SnCl_4$	无色
NH_4SCN	无色	$PbCl_2$	白色	$SnCl_2$	白色
NH_4Cl	白色	$PbCrO_4$	橙黄	ZnS	白色,淡黄色
NH_4Br	白色	PbO_2	深棕		
$NiCl_2$	绿色	$Pb(NO_3)_2$	白色,无色		

附录四　常见阴、阳离子鉴定一览表

离子	试剂	现象	条件
Cl^-	银氨溶液中 $+HNO_3$	白色沉淀($AgCl$)	
Br^-	氯水 $+CCl_4$	CCl_4 层显黄色或橙色(Br_2)	
I^-	氯水 $+CCl_4$	CCl_4 层显紫色(I_3^-)	
NO_3^-	二苯胺	蓝色环	硫酸介质
NO_2^-	$KI+CCl_4$	CCl_4 层显紫色(I_2)	HAc 介质
CO_3^{2-}	$Ba(OH)_2$	$Ba(OH)_2$ 溶液混浊($BaCO_3\downarrow$)	
SO_4^{2-}	$HCl+BaCl_2$	白色沉淀($BaSO_4$)	酸性介质
SO_3^{2-}	$HCl+H_2O_2$	白色沉淀($BaSO_4$)	酸性介质
$S_2O_3^{2-}$	HCl	溶液变浊(S)	酸性、加热
S^{2-}	HCl	$Pb(Ac)_2$ 试纸变黑(PbS)	酸性介质
	$Na_2[Fe(CN)_5NO]$	$Na[Fe(CN)_5NOS]$紫色	碱性介质
PO_4^{3-}	$(NH_4)_2MoO_2$	黄色沉淀	HNO_3 介质、
		$(NH_4)_3PO_4\cdot12MoO_3\cdot6H_2O$	过量试剂
K^+	$Na_3[Co(NO_2)_6]$	黄色沉淀($K_2Na[Co(NO_2)_6]$)	中性或弱酸性介质
Na^+	$Zn(Ac)_2\cdot UO_2(Ac)_2$	淡黄色沉淀	中性或 HAc 介质
NH_4^+	纳斯勒试剂	红褐色沉淀($HgO\cdot HgNH_2I$)	碱性介质
Ag^+	$HCl-NH_3\cdot H_2O-HNO_3$	白色沉淀($AgCl$)	酸性介质
Ca^{2+}	$(NH_4)_2C_2O_4$	白色沉淀(CaC_2O_4)	$NH_3\cdot H_2O$ 介质
Mg^{2+}	$(NH_4)_3PO_4$	白色沉淀($MgNH_4PO_4$)	$NH_3\cdot H_2O-NH_4Cl$ 介质
	镁试剂	蓝色沉淀	强碱性介质
Ba^{2+}	K_2CrO_4	黄色沉淀($BaCrO_4$)	$HAc-NH_4Ac$ 介质
Zn^{2+}	Na_2S	白色沉淀(ZnS)	
	$(NH_4)_2Hg(SCN)_4$	白色沉淀[$ZnHg(SCN)_4$]	HAc 介质

续表

离子	试剂	现象	条件
Cu^{2+}	$K_4[Fe(CN)_6]$	红棕色沉淀($Cu_2[Fe(CN)_6]$)	HAc 介质
Hg^{2+}	$SnCl_2$	白色沉淀($HgCl_2$)变黑(Hg)	酸性介质
Pb^{2+}	K_2CrO_4	黄色沉淀($PbCrO_4$)	HAc 介质
Co^{2+}	KSCN	蓝色沉淀$[Co(SCN)_4^{2-}]$	中性、NH_4F、丙酮介质
Al^{3+}	铝试剂	红色沉淀	HAc-NH_4Ac 介质
Fe^{2+}	$K_3[Fe(CN)_6]$	蓝色沉淀(滕氏蓝)	酸性介质
Fe^{3+}	$K_4[Fe(CN)_6]$	蓝色(普鲁士蓝)	酸性介质
	KSCN	血红色$[Fe(SCN)_x]^{3-x}$	酸性介质
Bi^{3+}	$Na_2[Sn(OH)_4]$	沉淀变黑色(Bi)	浓 NH_3 介质
Cr^{3+}	3% H_2O_2-$PbAc_2$	黄色沉淀($PbCrO_4$)	碱性介质